L'ESPÈCE OVINE

DE L'OUEST

ET SON AMÉLIORATION

L'ESPÈCE OVINE

DE L'OUEST

ET SON AMÉLIORATION

PAR

A. SANSON

Chef des travaux chimiques et agronomiques
de l'École impériale vétérinaire de Toulouse, ex-rédacteur du *Moniteur des Comices*,
rédacteur de *La Culture*, etc.

PARIS
LIBRAIRIE DE VICTOR MASSON
Place de l'École de Médecine
MDCCCLVIII

TOULOUSE, IMPRIMERIE BAYRET, PRADEL ET Cᵉ, PLACE DE LA TRINITÉ, 12.

A MONSIEUR

J.-A. MAGNE

PROFESSEUR D'HYGIÈNE ET D'AGRONOMIE A L'ÉCOLE IMPÉRIALE
VÉTÉRINAIRE D'ALFORT

Hommage de l'affectueuse reconnaissance de son élève

A. SANSON

PRÉFACE.

A n'en croire que certains zootechniciens, l'enseignement officiel de la zootechnie, en France, daterait seulement du moment où ils en ont été chargés. Il suffit de citer Huzard, les deux Yvart, Grognier et M. Magne, son élève et son continuateur, pour montrer le vide et la singularité d'une pareille prétention, et pour établir que cette science a pris naissance dans les écoles vétérinaires, où elle est enseignée depuis plus de cinquante ans.

Et il y a ceci de remarquable, que la zootechnie des écoles vétérinaires se distingue d'une manière assez tranchée, en effet, de celle dont l'enseignement est plus récent. Elle s'appuie sur des principes plus clairs et plus positifs, sans jamais rien sacrifier à la fantaisie; ce qui tient sans nul doute à ce qu'elle a pour base la connaissance complète des objets auxquels elle s'applique, et des agents capables de les modifier; à ce que, de tout temps, elle y a été considérée comme une des branches de l'hygiène vétérinaire.

Les doctrines fantaisistes qui, dans les hautes régions agricoles, sont en pleine faveur, jettent sur cette matière si importante pour l'économie sociale une confusion qu'il importe de s'efforcer de faire disparaître, par la propagation des connaissances zootechniques positives.

Mais il ne m'a point paru, quant à moi, que l'instruction générale du cultivateur fût assez avancée, pour qu'il y ait chance d'y réussir par l'exposition de principes dogmatiques très positifs et très vrais, assurément, mais devant être, pour l'instant, parfaitement inintelligibles pour lui, aussi inintelligibles, du reste, que ceux qu'on lui prêche sur l'atavisme, la spécialisation, le croisement, etc., etc., et également dangereux, pour ce même motif. J'ai pensé que le meilleur moyen de faire goûter ces principes était de leur donner pour ainsi dire un corps, en les rattachant étroitement à leur application immédiate, et en les appuyant par des faits, ou les faisant logiquement découler de ceux-ci sous les yeux du lecteur; c'est-à-dire, en d'autres termes, que pour être mieux saisis, ils devaient avoir pour base la monographie d'une espèce animale quelconque.

Ce petit ouvrage n'a donc point été écrit seulement en vue de l'espèce ovine de l'Ouest. Celle-ci a été choisie pour servir de texte à la pensée que je viens d'indiquer, uniquement parce que les circonstances m'ont mis à même de l'étudier plus et mieux que n'importe quelle autre.

Tout en m'efforçant de faire aussi exacte et complète que possible la monographie de cette espèce, et par conséquent d'indiquer à ceux qui l'exploitent les moyens d'en tirer un meilleur parti, j'ai donc eu surtout en vue l'exposé des principes fondamentaux de la zootechnie rationnelle, applicables à toutes les espèces et à toutes les régions.

Et c'est ce que je prie le lecteur de ne point oublier, s'il ne veut pas tomber dans cette erreur de croire que ce livre peut tout au plus être utile aux seuls éducateurs de moutons de l'Ouest.

L'amélioration des différentes espèces animales est subordonnée aux mêmes principes essentiels; et faire l'étude attentive de leur application à l'une d'entre elles, c'est en même temps apprendre ce qui se rapporte à toutes les autres.

Toulouse, avril 1858.

L'ESPÈCE OVINE DE L'OUEST.

INTRODUCTION.

Parmi les différentes parties qui, par leur réunion, constituent cette vaste industrie des peuples civilisés dont le but est l'exploitation la plus lucrative du sol, il n'en est point qui, par son importance, mérite à un plus haut degré d'attirer l'attention des hommes compétents, que celle qui se rapporte à l'économie des animaux domestiques, et qui, dans ces dernières années, a reçu la dénomination officielle de Zootechnie : Comme si l'on avait compris dès lors que, par les progrès des temps, l'influence de l'homme devait s'étendre à toutes les espèces animales, et les ramener peu à peu dans le cercle de son utilité particulière !

Quelque remarquables que soient celles auxquelles s'applique actuellement notre activité, le nombre en est encore relativement bien restreint, en effet, pour justifier une appellation qui les embrasse toutes. Mais il n'en est pas moins juste de reconnaître qu'il n'y a peut-être là qu'une témérité apparente, et qu'après tout, au train dont vont les choses dans les sciences, il n'y a point de mal à laisser entrevoir aux hommes de progrès de vastes horizons.

Au milieu de ce tout industriel qu'on appelle l'agriculture ; au centre de cette source première de l'activité sociale, de cette base économique de toute production humaine, ne faut-il pas concevoir tout d'abord la production animale, y remplissant comme la fonction d'un pivot sur lequel tournerait tout le reste? Ce rôle de la zootechnie dans l'agriculture, je l'ai pour ma part constaté dans un autre écrit, et je ne crois pas qu'il soit nécessaire d'entrer dans aucun détail pour le faire accepter comme vrai. Point de bétail, point d'agriculture : cela est répété par tout le monde; et le Mathieu de Dombasle de l'Ouest, notre savant et excellent Jacques Bujault, a, par vingt de ses proverbes, rendu chez nous ce principe populaire.

Il serait en effet facile de juger de l'état agricole d'une contrée, à la seule inspection de ses animaux domestiques, et de préciser son état de routine ou de progrès, en se basant sur les résultats atteints par ces derniers, et même sur le but vers lequel ils tendent. Et c'est peut-être, selon moi, en considérant ceux de l'espèce ovine plus particulièrement, que ce principe reçoit sa confirmation complète. Entretenus en général, non pas comme certains autres en vue de services indispensables, par exemple ceux de travail, ils témoignent presque à coup sûr, par leurs qualités, des soins dont ils sont l'objet, et qui sont inhérents, pour la plus large part, à l'état agricole au milieu duquel ils vivent.

A ce point de vue, qui me paraît vrai, on concevrait de notre agriculture du centre de l'Ouest une idée peu favorable. Et cette idée ne serait malheureusement que trop fondée, pour la plus grande partie de cette région. Les quelques rares localités où, sous l'influence des prédications, des exemples de notre *maître Jacques*, comme il se plaisait à s'appeler lui-même; sous l'influence des comices et des sociétés agricoles; les quelques localités, dis-je, où se sont accomplis quelques progrès, sont encore à l'état de rare exception; et c'est à peine si, de loin en loin, on rencontre une exploitation basée sur de sages principes, sur une pratique rationnelle et au niveau des conquêtes de la science agricole actuelle. La grande division de la propriété terrienne; le peu de goût des grands propriétaires pour l'étude et la pratique de l'agriculture; l'ignorance de la presque totalité des fermiers et petits cultivateurs : telles me paraissent être les causes de cet état.

Aussi, malgré les efforts que les gouvernements ont faits depuis si longtemps, en faveur de la propagation en France des bonnes races de l'espèce ovine, la région dont je m'occupe est restée, sous ce rapport comme sous tous les autres, dans une médiocrité désespérante. L'entretien des troupeaux y est abandonné à une routine aveugle, sans règle ni principe, sans conscience du degré de perfection auquel le mouton y pourrait atteindre. Pour la plupart des cultivateurs, au moins dans une grande portion de la région, les bêtes à laine ne sont l'objet que d'une sorte de commerce, de trafic, de spéculation de hausse ou de baisse d'un marché à l'autre, et n'entretiennent avec les autres parties de l'exploitation aucune relation de tendance vers un but commun, qui serait la plus haute fécondité des terres obtenue au meilleur compte possible.

Et pourtant, quand on considère dans son ensemble cette région de la France, si admirablement propre à la culture progressive, tant sous le rapport de sa situation géographique, que sous celui de sa constitution géologique; quand on réfléchit aux débouchés sûrs et faciles que lui constituent, et les voies de communication anciennes et les chemins de fer qui la relient ou qui la relieront prochainement aux villes de Paris, Nantes, Bordeaux, etc., et les ports de son littoral; quand on songe à tout cela, on ne peut se défendre d'un profond sentiment d'affliction ; mais ce sentiment est tempéré par un consolant espoir, assis sur l'avenir prochain que la diffusion des lumières, qui est le cachet principal de notre époque, doit nécessairement amener.

Humble travailleur dans ce vaste champ du progrès, c'est avec le dessein d'y contribuer pour ma faible part que j'ai entrepris les études dont je viens aujourd'hui, dans un cadre aussi restreint que possible, communiquer au public les résultats. La recherche des moyens de multiplier la production agricole, source la plus certaine du bien-être public, forme l'objet de mes plus constantes préoccupations. De nombreux voyages, une participation directe aux travaux des congrès et concours agricoles de la région ; des relations avec plusieurs personnes instruites dans la matière, m'ont mis à même de prendre du sujet que je veux traiter dans ce travail, je ne dirai certainement pas une connaissance complète, mais du moins assez étendue pour qu'il me soit permis d'émettre à cet égard quelques vues que je crois sages, et propres à concourir à une modification heureuse de la production ovine de ces contrées. Si j'étais assez heureux pour les voir approuver et que leur mise en pratique amenât les résultats que je les crois capables de faire atteindre, je me considérerais comme dédommagé bien au-delà de mes peines ; le but de mes plus chers désirs ayant toujours été de collaborer, dans la mesure de mes forces, à l'œuvre de l'émancipation intellectuelle et morale des populations agricoles, par l'augmentation des produits du sol.

Il serait assez facile, en compulsant les travaux des commissions cantonales de statistique qui ont fonctionné pour la première fois en 1853, de se rendre un compte exact de l'importance actuelle de l'industrie ovine dans les cinq départements qui composent le centre de l'Ouest, et qui sont : la Charente, la Charente-Inférieure, les Deux-Sèvres, la Vendée et la Vienne. Ces documents, je ne les ai point eus tous à ma disposition ; cependant, à l'aide d'un calcul que je puis croire approximatif, il est permis d'en prendre une idée, et de la considérer comme assez digne d'intérêt. J'aurai l'occasion de tirer parti de ce fait, de le comparer à l'étendue territoriale de la région, et à l'état agricole de ses différentes parties. Les habitudes commerciales du pays, à l'endroit de cette marchandise; les tendances que des circonstances nouvelles semblent leur imprimer; la description extérieure de l'espèce dans les diverses localités; l'indication de ses aptitudes; la discussion économique de la marche qu'il serait préférable de suivre; et enfin les voies et les moyens pour y arriver : tels sont à peu près tous les points qui devront nous occuper.

Mon travail se divisera donc en autant de chapitres, où ils seront traités dans leur ordre logique et naturel de succession, et de façon à ce que la clarté y règne autant que possible. C'est là, selon moi du moins, un résultat qu'une bonne méthode d'exposition peut seule réaliser. Puissent mes efforts pour l'atteindre être couronnés de succès !

Aucune étude de ce genre n'a encore, à ma connaissance, été poursuivie en vue de la contrée que ce livre embrasse. Je n'aurai donc que peu de critique à faire, et point de travaux antérieurs à passer en revue; non plus qu'il me sera possible de suivre aucun modèle pour guider ou éclairer ma marche. C'est, à ce qu'il me semble, un terrain neuf que je vais parcourir et sur lequel il me faut résolument m'engager. La certitude de rencontrer des juges indulgents et bienveillants, en faveur de ma bonne volonté, soutiendra mon courage, sans diminuer la conscience que j'ai de mon insuffisance.

CHAPITRE PREMIER.

État agricole de la région.

Il me paraît indispensable, avant d'aborder d'une manière spéciale la question de l'industrie ovine dans la région où j'ai l'intention de l'envisager, de jeter un coup-d'œil d'ensemble sur l'état agricole de cette portion de la France. C'est peut-être pour avoir négligé cet élément principal de toute étude sur les améliorations possibles d'une ou de plusieurs espèces animales données, qu'on a si souvent fait fausse route, en préconisant des moyens qui, par ce fait, devenaient arbitraires et entachés d'impossibilité pratique. Il me semble, quant à moi, que c'est là comme la matière première de toute *fabrication* animale, et qu'il serait aussi irrationnel de n'en point tout d'abord tenir un compte exact, que de s'engager dans des dépenses fort élevées d'usines, de matériel, de personnel, etc., dans le but d'exploiter une industrie métallurgique quelconque, avant de s'être bien assuré à l'avance de l'étendue, de la puissance, de la valeur enfin du gisement métallifère sur lequel on se propose d'opérer.

Les animaux, en effet, sont le produit du sol sur lequel ils vivent; et leur constitution, comme leurs aptitudes, est étroitement liée à la nature, à la qualité, à la quantité des végétaux qu'il produit, et qui sont l'étoffe, la matière première dont ils se composent. Rien donc de plus rationnel que de commencer par l'exposition de l'état agricole du centre de l'ouest, le travail que nous avons entrepris.

Comprenant, comme il a été dit, la Vendée, la Vienne,

les Deux-Sèvres, la Charente et la Charente-Inférieure, en tout cinq départements, cette région se trouve bornée, au nord, par ceux de la Loire-Inférieure et de Maine-et-Loire; au sud, par la Gironde et la Dordogne; à l'est, par ceux d'Indre-et-Loire, de l'Indre et de la Haute-Vienne; à l'ouest, enfin, par l'Océan. Sa superficie est, en chiffres ronds, d'environ 3,250,000 hectares. Aucun fleuve de premier ordre ne la traverse; quelques rivières, la Charente, les deux Sèvres, la Vienne, la Vendée, le Clain et une multitude de ruisseaux, la parcourent en divers sens. Le chemin de fer de Paris à Bordeaux la coupe dans le sens de sa longueur; deux autres voies projetées ou en voie d'exécution, l'une de Poitiers à la Rochelle sur le point d'être achevée, l'autre de cette dernière ville à Angoulême et Limoges, compléteront un réseau qui embrassera ces divers points, et la reliera à Paris et à Bordeaux par Poitiers et Angoulême, et au centre de la France, par Limoges. De nombreuses routes impériales et départementales; de nombreux chemins vicinaux de grande communication et d'intérêt commun, la sillonnent de toutes parts.

Au point de vue agricole, il faut diviser la région du centre de l'ouest en plusieurs zônes qui, à de légères différences près, présentent les mêmes caractères géologiques dans toute l'étendue de chacune d'elles.

Ainsi, la première zône, qui s'étend de la limite nord à l'embouchure de la Gironde, et qui s'avance à environ huit à neuf lieues du rivage, occupant plus de cent lieues carrées, est constituée par le dépôt d'une *argile marine* appelée ***Bri***, provenant des alluvions modernes de la mer. Cette argile, sans mélange de sable, est si compacte, qu'elle forme des digues imperméables, et qu'on en fait des tuiles et des briques. Située en couches horizontales, elle retient toujours les eaux à sa surface. Une analyse de cette terre a été faite sur un échantillon pris à un mètre au-dessous de sa surface et à six lieues de la mer. — Cette analyse a donné les résultats suivants :

Silice.	44 16
Alumine et fer.	33 33
Carbonate de chaux.	18 00
Eau et pertes.	4 51
	100 00

A la surface, on ne trouve plus que 12 6 de carbonate de chaux, 47 0 d'alumine et de fer, et 36 de silice.

Cette différence est attribuée à l'influence de la végétation et à l'acide de la tourbe.

Ce dépôt repose sur des formations diverses, qui se continuent avec celles des autres parties de la région, et que nous passerons successivement en revue tout à l'heure.

Cette première zône est caractérisée par une vaste étendue de marais, plus ou moins desséchés, et transformés en prairies naturelles de différentes qualités, en marais salans abandonnés, dits marais Gâts, très insalubres, et en marais salans en activité. Elle embrasse tout le littoral des départements de la Vendée et de la Charente-Inférieure.

C'est quelque chose d'assez curieux à observer, que cette vaste étendue de prairies, d'un aspect plat et nu, situées au moins à deux mètres au-dessous du niveau des grandes marées, et coupées en pièces carrées, par des fossés pleins d'eau, par des canaux d'écoulement, à jetées couvertes de guimauve et de moutarde, sans arbres ni haies vives. C'est peut-être le seul point de notre pays où l'élève du cheval se fait véritablement à l'état de liberté. Naguère encore complètement submergés, pendant une partie de l'année, ces marais offraient pendant les chaleurs de la canicule l'aspect le plus triste et le plus aride, en même temps qu'ils étaient pour les populations du littoral une cause permanente de fièvres de l'espèce la plus tenace. Des dessèchements successivement opérés, et dont les premiers essais remontent, dit-on, jusqu'à Henri IV, sont venus modifier essentiellement les conditions culturales de cette première zône constituée, comme on l'a vu, par des atterrissements successifs, et en transformer la plus grande partie, au point d'en faire des prairies excellentes, quoique un peu humides, et qui sont alternativement fauchées ou consommées sur pied, selon l'industrie embrassée par ceux qui les possèdent.

Dans cette première zône, point de culture proprement dite, si ce n'est aux environs des quelques villes qui s'y trouvent bâties; et encore est-ce dans des limites très restreintes; point d'exploitations agricoles, point de travail du sol. L'élève du cheval, l'engraissement du bœuf, l'industrie pastorale, en un mot, y règne exclusivement. Quelques-uns des propriétaires de ces *prises de marais*, pour s'éviter la peine de faire consommer leurs fourrages, s'établissent tout simplement marchands de foin. Dans le département de la Charente-Inférieure, notamment, un grand nombre de localités trop exclusivement vignobles, n'en consomment point d'autre. Ce fourrage constituerait une nourriture de première qualité, par la bonne nature des plantes qui entrent dans sa composition, par la finesse de leur tige et leur goût sucré, si une récolte toujours trop tardive ne leur faisait perdre leur odeur aromatique naturelle. — C'est un phénomène assez digne de fixer l'attention, que celui qui s'observe dans les prétendus marais du littoral de la région que nous examinons, et qui se rapporte à la qualité des graminées qui y végètent. On conçoit difficilement, en effet, qu'un terrain d'une fécondité très remarquable et entretenu dans un état constant d'humidité, par la présence des eaux qui circulent à l'entour, puisse produire des herbes fines, succulentes, aromatiques, comme celles des pays montagneux. C'est là un fait que je me bornerai à signaler, sans m'y arrêter plus longtemps, ce qui m'éloignerait de mon sujet. Toujours est-il que ce fait est constant, et qu'il frappera tout observateur judicieux qui parcourra ce pays, véritablement curieux à visiter pour quiconque s'intéresse à l'élève du cheval; car cette industrie y a pris un tel développement, qu'elle fournit à elle seule la plus grande partie des chevaux achetés par les dépôts de remonte de Fontenay-le-Comte, de Saint-Maixent et de Saint-Jean-d'Angely.

Après cette première division, une autre est commandée par l'observation attentive. Elle embrasse une zône centrale, qui comprend une faible partie de la Vendée, à peu près tout le département des Deux-Sèvres, une grande portion de ceux de la Charente-Inférieure, de la Charente et de la Vienne. Le terrain *calcaire jurassique* ou *oolitique* (moyen et supérieur) y prédomine. Quelques portions, notamment vers le midi de la région, sont constituées par de la *craie;* d'autres par l'étage moyen du *terrain tertiaire,* composé de marnes argileuses, de sables et de grès, avec lignites. Ce sont les plus méridionales.

Bien que la constitution géologique de cette seconde zône ne diffère que peu dans son ensemble, et que le calcaire y domine dans la plus grande étendue, des différences assez tranchées s'y remarquent, au point de vue essentiellement agricole.

Ainsi, au nord, dans les arrondissements de Bressuire et de Parthenay, se trouve un pays soumis, à de longs intervalles, aux alternatives de culture et de pâturage. Coupé à chaque instant par des haies vives élevées; parsemé de genêts et de bruyères dans sa plus grande étendue; divisé en fermes assez importantes et pratiquant l'agriculture et les mœurs pastorales, ce pays, très fertile, est connu sous les noms de *Gâtine* et de *Bocage vendéen*, célèbres dans les annales des guerres vendéennes. Il tranche d'une façon remarquable avec celui que nous allons examiner maintenant.

C'est, sans contredit, la portion la mieux cultivée, la plus fertile, et produisant le plus de toute la région, que celle qui fait suite à la *Gâtine*, en descendant vers le midi et dans les limites que nous lui avons tracées. C'est, en effet, dans les arrondissements de Fontenay, de Niort, de Saintes, de Melle, de Ruffec, en partie, de Saint-Jean-d'Angely, de Cognac, d'Angoulême, de Barbezieux, de Jonzac, que, à des titres divers, l'on rencontre les cultures les moins arriérées. Dans les premiers, et en descendant jusqu'à celui de Saint-Jean-d'Angely, exclusivement, la culture alterne a une grande tendance à s'implanter définitivement. C'est là aussi que s'arrête la culture de la vigne et que les prairies artificielles de toute sorte commencent à prendre une extension vraiment digne d'éloges. Dans ces arrondissements, le nombre des hommes instruits qui s'occupent spécialement d'agriculture est assez grand, et l'heureuse influence de leur exemple s'étend de proche en proche. Des institutions agricoles très vivaces y produisent les plus heureux effets; mais c'est surtout l'importance majeure qu'on y donne à la production animale dans la ferme, qui, par la nécessité qu'elle entraîne des cultures fourragères, imprime à l'ensemble cultural du pays ce cachet d'avancement qu'on ne remarque, hélas! nulle part ailleurs. En résumé, l'on peut dire que c'est là un pays admirablement bien disposé pour le progrès, et qu'il y aurait peu de chose à faire pour l'y réaliser définitivement. Toujours est-il qu'à l'exception de quelques faibles portions à sol par trop exclusivement calcaire, et pour ce fait sans doute plantées de forêts que le défrichement tend peu à peu à envahir, ce point central de la région que nous examinons présente le caractère d'une fertilité excessivement remarquable, et qu'il est pour cela propre aux cultures les plus perfectionnées, qui ont une grande tendance à s'y introduire.

Là, il faut le dire, la propriété est peu divisée. On rencontre fréquemment des fermes de cent hectares, beaucoup de deux cents, quelques-unes même au-dessus de ce chiffre. Un fait assez curieux, et qui s'explique cependant pour nous, habitants de la portion méridionale et vignoble du pays, c'est que les rares petits propriétaires qui s'y rencontrent louent eux-mêmes la petite quantité de terre qu'ils possèdent pour se rendre fermiers d'un plus vaste domaine. C'est que, soumise au genre d'exploitation qui caractérise cette contrée, il n'y a pas assez d'une petite étendue de terrain pour occuper l'activité d'une famille de travailleurs.

C'est enfin dans la portion méridionale de cette seconde zône que se rencontre un des vignobles les plus étendus de France, et qui produit cette liqueur si renommée dans le monde entier sous le nom de *cognac*.

Il n'est peut-être aucun pays dans lequel la propriété présente une division, un morcellement aussi excessifs que dans la contrée que j'appellerai *vignoble* de notre région. On chercherait en vain ici un grand nombre de ces domaines importants dont nous constations tout à l'heure l'existence. Quelques-uns, il est vrai, ont résisté jusqu'à présent à cette puissante influence des pays riches en cultures commerciales; mais il y a lieu de craindre que le niveau y passe avant longtemps. Il se fait toujours, dans ce pays, dix ventes en détail pour une en gros. Ce n'est ici ni le lieu ni le moment d'examiner dans sa source ce phénomène économique. Nous devons nous borner à le constater dans l'intérêt de l'éclaircissement de notre sujet. Mais c'est un fait irrécusable et facile à observer, que cette tendance de plus en plus remarquable à l'extrême division du sol, en même temps que les instincts propriétaires prennent chaque jour une nouvelle force dans l'esprit des populations.

Aussi, imaginerait-on difficilement un pays plus coupé, plus accidenté, par cette multitude de clôtures, soit en haies vives, soit en pierres sèches. Ici, peu ou point de fermiers; quelques rares colons ou métayers, et le plus grand nombre composé de moyens et de petits propriétaires. C'est que la terre, sous ces diverses influences, y a acquis une valeur vénale fort élevée, et que, comme je l'ai dit tout à l'heure, il y a toujours avantage pour le vendeur à détailler le plus possible, pour cette raison que la concurrence des acheteurs se fait toujours sentir.

Dans un tel état économique de la propriété, on concevrait difficilement que le système de la petite culture n'en fût pas le corollaire obligé. Le bétail, dans cette région, manque complètement, en tant qu'agent de l'amélioration, soit pour la production des engrais, soit pour toute autre production qui n'est pas le travail indispensable. Il n'est pas rare de rencontrer des exploitations dans lesquelles deux chétifs bœufs, et même un seul, suffisent à tous les travaux. Il est même certaines localités qui en sont totalement dépourvues, la culture s'y opérant à bras d'homme; d'autres où il est d'usage que chaque petit propriétaire possède un seul bœuf, et s'associe avec le voisin pour atteler au même joug : ce qui se caractérise dans le pays par l'expression de *coupler*. Cette observation est encore plus curieuse dans une grande partie des arrondissements de Cognac et de Barbezieux. Là il est d'usage que les travaux soient exécutés par de jeunes mules, achetées dans les pays de production, et qui sont gardées un ou deux ans. Chaque petit propriétaire en possède une; quatre ou cinq se réunissent pour les charrois, et l'attelage compte autant de conducteurs que de bêtes. Que de temps perdu!

Bien que, dans cette partie de la région, la culture de la vigne n'occupe point la plus grande portion du territoire, il n'en est pas moins vrai qu'elle absorbe à elle seule la plus grande part de l'activité des populations. Cela se conçoit. Les différentes opérations culturales qu'elle comporte s'opérant généralement à l'aide d'instruments menés à force de bras, tels que des houes de différentes formes, et dont la plus usitée, qui porte le nom de *pic*, est à deux pointes triangulaires et aplaties; il n'est pas étonnant que les soins nombreux que la vigne nécessite pour produire abondamment, dans cette contrée du moins, prennent la plus grande partie du temps. Une longue suite de récoltes abondantes ont imprimé à cette culture une irrésistible tendance d'accroissement. Naguère c'était seulement certains terrains choisis, en raison de leur qualité particulière et de leur exposition, qui étaient plantés en vignes. Aujourd'hui, et depuis que le commerce des eaux-de-vie a pris une si grande extension dans le pays, c'est surtout vers la quantité que l'on tend, et les terres les plus fertiles, les plus puissantes, sont celles qui le sont de préférence. N'étaient les avances nécessaires qui manquent quelquefois, d'aucuns, — et ils sont nombreux,—ne cultiveraient pas autre chose. C'est que, cela est certain, dans l'état actuel de la pratique du pays, où l'assolement triennal avec longue jachère morte règne sans partage, il y a une immense différence entre le revenu des terres dites labourables et celui des vignes. Mais imaginez quelques années successives de mauvaises récoltes en vin, et vous verrez de suite la perturbation profonde dont se sentira pour longtemps le pays (1).

J'expose seulement l'état agricole de la région, je n'ai donc point à m'arrêter plus longtemps sur ce fait. Je dois seulement en faire ressortir l'importance, au point de vue de la production animale. L'on sentira facilement qu'avec de telles dispositions de la part des cultivateurs, alors que l'industrie vinicole tend à englober la plus grande part du sol, il ne reste guère de place pour les cultures améliorantes, qui ne

(1) Ces lignes ont été écrites en 1853. Les évènements ne sont malheureusement que trop venus depuis en donner une démonstration pratique.

se peuvent concevoir sans une production d'engrais, fabriqués par une ou plusieurs espèces animales rationnellement élevées ou entretenues. Tout cela n'est en effet ici que fort secondaire. Des vignes, des vignes et encore des vignes ; et s'il reste encore de la terre après cela, on verra !

Il est un usage assez singulier à ce propos, et qu'il n'est peut-être pas sans intérêt de signaler. Cet usage s'observe dans cette partie de l'arrondissement de Cognac qui se trouve sur la rive gauche de la Charente, et qui, sous le nom de *Champagne*, fournit les premiers *crus* d'eau-de-vie. Là, il est adopté de temps immémorial que les vignes se doivent planter de telle façon que, dans chaque pièce, il règne une interposition en nombre égal de sillons de blé et de lignes de *ceps*. Ce mode de plantation dit en *allées*, présente un aspect assez curieux, quoique monotone. Cinq ou six lignes de ceps alternent avec autant de sillons de blé, et ainsi de suite. Et comme les travaux de la maison, dans ce système, se réduisent à peu de chose pour les femmes, celles-ci se livrent au printemps à une multitude de soins de toutes sortes, à l'endroit de ce blé, tels que sarclages, binages, arrachage des herbes, etc.; c'est au point qu'elles y sont constamment occupées, à dater du moment où il nait, jusqu'à ce qu'il entre en maturité.

Quoiqu'il en soit, et malgré ce qu'il y a d'irrationnel, au moins en apparence, dans cette façon d'exploiter le sol, constatons en terminant sur ce point que cette fraction de la région de l'Ouest est peut-être, prise en masse, le pays le plus riche de la France. C'est peut-être là qu'il y a le moins d'opulence ; mais on y rencontre à chaque pas une aisance facile à constater par la propreté, l'élégance souvent des habitations, et jamais ce spectacle de profonde misère qui fait mal à voir.

Il nous reste enfin, pour avoir passé en revue toute la superficie que nous avons en vue, une dernière zône dont les caractères sont au moins aussi uniformes, dans toute son étendue, que ceux de la première que nous avons examinée; dans un autre genre s'entend. A l'exception toutefois d'une faible portion de la partie septentrionale, embrassant quelque étendue de l'arrondissement de Chatellerault, et qui se ressent de l'influence du sol et des cultures de la Touraine, cette zône participe beaucoup des caractères du plateau central de la France, du sol de la Creuse, de l'Indre et de la Haute-Vienne, qui lui sont contigus. Elle embrasse les arrondissements de Montmorillon, de Civray et de Confolens. Peu fertile, à sol ingrat, couvert dans une grande étendue de landes et de bruyères, la plus petite heureusement des trois zônes que nous avons établies, celle-ci, ne produit que peu. Le châtaigner y prospère, le seigle, le sarrasin y sont en grande faveur. C'est dire qu'elle ne nourrit qu'un bétail assez chétif. La grande propriété, comme dans la plupart des pays pauvres, y est presque exclusive, et un grand nombre des habitants émigrent, pendant l'été, vers d'autres contrées de la région où ils exercent généralement la profession de maçon. On y rencontre de temps à autre quelques cultures progressives, dues à quelques-uns de ces propriétaires que le goût de l'agriculture scientifique a pris dans ces dernières années, et qui se sont enfin aperçus qu'il était plus noble d'être utile à son pays, en augmentant la production nationale, que de dissiper en frivoles plaisirs leur vie inoccupée, et de dépenser leurs revenus en pure perte. Des défrichements, des labours profonds, combinés avec une production d'engrais considérable, ont transformé quelques localités de ce malheureux pays. Mais ici comme ailleurs, c'est encore l'exception qui se montre avec les caractères du progrès.

En résumé donc, et en procédant du littoral vers le centre de la France, trois zônes culturales doivent être envisagées pour donner une idée générale de l'état agricole du centre de l'ouest : — Une première assez étendue, qui se caractérise par un ensemble de prairies fertiles, et résultant du dessèchement de cette vaste étendue de marais qui, à une certaine époque, bordaient l'Océan en s'avançant assez loin dans les terres ; — une seconde plus étendue, caractérisée par le *bocage vendéen* et la *gâtine* au nord ; par un immense vignoble au midi ; et par une agriculture en bonne voie de perfectionnement au centre ; — une troisième enfin, beaucoup moindre en superficie, comprenant une agriculture retardataire, un sol maigre et chétif, un pays pauvre, en un mot, et située sur la limite *Est* de la région.

De semblables divisions établies, on le comprend, dans le seul but de faciliter la description, ne sont pas toujours fort rigoureuses. Sur le grand nombre de points par lesquels elles se confinent, il existe pour ainsi dire une fusion, une transition ménagée, par laquelle elles se confondent et participent plus ou moins de leurs caractères communs. Elles n'en étaient pas moins indispensables, pour donner une idée suffisante du pays que nous avons examiné, et pour l'intelligence parfaite du sujet principal de ce travail.

Si l'on songe maintenant à la position topographique de ce pays ; si l'on jette un coup-d'œil sur sa configuration générale, lequel permettra de voir qu'il y existe peu ou point d'accidents de terrain assez intenses, et qu'il n'est occupé au contraire, dans sa plus grande partie, que par des petites collines calcaires, sortes d'ondulations en sens divers, produites, à n'en pas douter, par le seul ravinement des eaux ; si l'on considère qu'il se trouve bordé dans le sens de sa plus grande longueur par l'Océan, dont les côtes, comme nous l'avons vu, sont plates et formées d'atterrissements successifs, qui font perdre chaque jour du terrain à la mer; en réfléchissant à tout cela, l'on sera entraîné à conclure que, dans de telles conditions géologiques et météorologiques, c'est là un pays admirablement disposé pour une végétation active et puissante, et propre, par conséquent, à la réalisation de tous les progrès agricoles.

Mais il est surtout un élément dont il faut absolument tenir compte, parce qu'il prime la question : C'est que dans notre contrée, la petite propriété domine déjà, et accuse dès maintenant une malheureuse tendance à faire régner exclusivement un jour ou l'autre la petite culture. Je ne saurais trop insister sur ce fait économique irrécusable, et qui devra plus tard nous inspirer, quand nous examinerons les améliorations qu'il y aurait lieu de réaliser. Encore une fois, je veux pour mon compte me garder de ces systèmes exclusifs d'améliorations des espèces animales, conçus *à priori*, et qui taillent en plein drap, pour ainsi dire, sans se préoccuper le moins du monde des milieux où ils doivent être appliqués. Ce sont là des questions complexes, et dans la réalisation desquelles les déceptions sont trop cuisantes, pour que tout homme vraiment sage et pratique ne s'efforce pas de s'y avancer le plus prudemment possible.

Car, il ne faut pas le perdre de vue, et je le répèterai à la fin de ce chapitre, parce que c'est là comme le flambeau qui doit éclairer notre marche :

Les animaux sont le produit du sol sur lequel ils vivent; et leur constitution ainsi que leurs aptitudes sont étroitement liées à la nature, à la quantité, à la qualité des végétaux qu'il produit, et qui sont l'étoffe, la matière première dont ils se composent.

CHAPITRE II.

Caractères extérieurs de l'espèce ovine de la région. — Mode d'élevage et d'entretien. — Aptitudes.

A présent que nous avons posé, dans le chapitre précédent, l'une des bases de notre travail, en nous inspirant surtout du principe fondamental dont l'énonciation le termine, il nous faut examiner dans leurs détails les diverses variétés de moutons que nourrit l'agriculture dont j'ai présenté l'état. Cela nous fournira l'occasion de saisir à chaque instant l'excellence du principe en question.

La méthode la plus généralement adoptée, pour la description des moutons, est celle qui se base sur la qualité de la laine, pour établir des groupes dans les différentes races. De là cinq grandes divisions, comprenant les races à *laine grossière*, celles à *laine commune*, celles à *laine intermédiaire*, celles à *laine fine*, et enfin les races à *laine extra-fine*.

C'est dans les deux premiers de ces groupes qu'il faut placer les races de moutons de la région de l'Ouest. En effet, dans les conditions d'entretien et d'élevage qui y sont généralement pratiquées, on ne rencontre que des bêtes à laine grossière ou commune.

Trois races bien tranchées, autant par leur volume que par leur conformation, doivent être reconnues dans la région, et il est facile d'en rencontrer les types dans les points centraux des zônes que nous avons établies.

Ainsi, une première race, connue sous le nom de *mouton vendéen* ou *maraichin*, et que nous appellerons, nous, *race du Poitou*, parce qu'elle se trouve surtout avec tous ses caractères dans toute la partie fertile de cette contrée; une seconde que nous qualifions de *limousine*, et qui vit surtout dans la troisième zône culturale, laquelle est, comme on sait, contiguë à l'ancienne province de ce nom; une troisième enfin, connue sous le nom de race *champanaise*, et qui se rencontre dans les points méridionaux du vignoble.

Je vais successivement décrire ces trois races, dans leurs caractères extérieurs, dans leurs aptitudes, pour les envisager ensuite dans le mode d'entretien auquel elles sont soumises.

RACE DU POITOU. — Les recherches auxquelles a dû se livrer M. Magne, pour établir les caractères typiques des diverses races françaises décrites dans *l'Essai* qu'il a publié (1), lui ont sans doute démontré que les moutons qui

(1) *Recueil de médecine vétérinaire*, année 1853

sont entretenus dans les fermes du Poitou, venaient se grouper, par leurs caractères essentiels de race, autour du mouton vendéen, qu'il se borne à décrire. Je n'ai point l'intention de contester le fait, non plus que de rechercher jusqu'à quel point il est fondé. Venant de mon estimé maître, je suis disposé à l'accepter de confiance; d'autant plus qu'au point de vue où je me suis placé, cela est peu important; attendu que pour nous l'essentiel est de bien établir la conformation et les aptitudes des bêtes que nous étudions.

Quoi qu'il en soit, je vais commencer par reproduire la description du savant professeur : elle me servira de point de départ, pour indiquer les modifications que l'influence des localités a imprimées à la race primitive, si tant est qu'elle le soit.

Voici le passage entier consacré au mouton vendéen : « On l'appelle aussi *maraichin*. Il se trouve dans les marais de l'Ouest, depuis la Loire jusqu'à la Charente. Cette race, qui s'est formée après le dessèchement des marais, est facile à reconnaître.

« Taille moyenne, corps bien fait, tête conique, en général sans cornes, quelquefois cornes longues, relevées; chanfrein presque droit; arcades orbitaires saillantes; oreilles droites, épaisses sans être longues; jambes et tête fortement tigrées, charbonnées, mouchetées ou roussâtres (on les appelle pots roux), quelquefois marquées seulement de légères taches brunâtres. Par leurs arcades saillantes, ces moutons, quand ils n'ont que de légères mouchetures brunes, ressemblent au bélier dishley. Cette ressemblance témoigne en faveur d'une origine commune. On fait descendre le mouton vendéen des moutons du Texel, de la Hollande, de la Flandre, importés dans ces parages lors des premiers travaux de dessèchement. Nous savons que ces mêmes races, introduites en Angleterre, ont contribué à former les moutons à laine longue de ce pays. Dans la Vendée, ils ont dégénéré et même disparu en grande partie; ceux qui ont résisté ont modifié la race du pays, en se croisant avec elle.

« Dans le mouton vendéen, la laine est grosse ou très grosse. Sur quelques individus elle est *caniche*, et alors assez estimée dans le pays, ce qui prouve qu'on est peu exigeant. La mèche est pointue et le corps peu laineux. On n'aime pas les pattes laineuses parce qu'elles se chargent de boue.

« La taille des grandes races importées s'est conservée dans quelques troupeaux. Les animaux ont alors la laine lisse, plus grosse; mais très souvent ils sont à côte plate, à dos tranchant.

« La sous-race du Bocage est plus petite, conserve le même lainage et a la tête fortement tigrée. »

En comparant ces caractères avec ceux du plus grand nombre des moutons que l'on rencontre principalement dans les parties fertiles de la Vendée, du Poitou et de l'ancienne province de Saintonge, il est facile de constater que ce sont bien là, en effet, ceux qui appartiennent à ces mêmes moutons, au moins comme caractères généraux et essentiels; à l'exception, toutefois, de ces marques brunes ou rousses des jambes ou du chanfrein, qui ne sont rien moins que constantes, bien que cependant on les rencontre çà et là sur quelques individus.

D'une taille variable entre $0^{m}60^{c}$ et $0^{m}75^{c}$, la race du

Poitou présente comme caractère fondamental, des jambes longues et fortes. Elle est haute sur jambes, d'une ossature très développée ; la grosseur de sa tête, son chanfrein un peu busqué, ses arcades orbitaires saillantes lui donnent une physionomie peu intelligente. L'encolure grêle, tranchante et longue, s'insère entre deux épaules minces, aplaties, courtes et rapprochées. La poitrine est étroite, serrée en arrière des coudes, et la côte est le plus souvent plate. Les reins sont généralement peu développés, souvent tranchants, le flanc grand et le ventre volumineux. La croupe est rarement arrondie, et au contraire se montre chez le plus grand nombre courte et tranchante, peu fournie de muscles et ceux-ci peu descendus.

La toison, dans cette race, s'étend rarement au-delà de la partie moyenne du ventre, et s'arrête du côté de la tête, à quatre ou cinq centimètres en arrière des oreilles. La tête, le ventre et les membres en sont donc complètement dépourvus.

Les moutons poitevins sont tardifs ; ils n'atteignent leur complet développement qu'après plusieurs années. La prédominance de la charpente osseuse explique suffisamment ce fait. Arrivés à ce point, ils prennent cependant assez facilement la graisse, et fournissent entre 20 et 25 kilogrammes de viande nette. Leur viande est de moyenne qualité, en raison du peu de développement des muscles et de la présence d'une grande proportion d'os.

Leur toison n'atteint que rarement le poids de $2^{k}\ 500^{gr}$ en suint, dans les plus hautes tailles ; elle se maintient généralement dans une moyenne de 2^{k} en suint, et de 750^{gr} à 1^{k}, lavée après la tonte. Le brin est assez long, mais son volume, son peu d'élasticité, doivent faire classer la laine dans la catégorie des laines communes.

Originaire des parties très fertiles de la région, cette race consomme beaucoup. Transplantée dans des localités qui produisent une nourriture moins abondante, elle dépérit ou tout au moins reste stationnaire, sans s'engraisser. Dans quelques-unes même, elle contracte facilement, dans les mois d'août et de septembre, une maladie anhémique qui en fait périr un grand nombre. J'ai été à même, quant à moi, de constater chaque année ce fait dans les quelques communes du canton d'Aunay qui se trouvent situées au voisinage de la forêt, et sur toute l'étendue de la colline fortement calcaire et généralement boisée qui règne de l'est à l'ouest de ce canton. Ces communes, à peu près dépourvues de prairies naturelles ou artificielles, ne peuvent offrir au mouton poitevin que les pâturages maigres des bois et des terres en friche, lesquels constituent pour eux une nourriture insuffisante, et leur font contracter cette maladie que le vulgaire appelle, dans son langage toujours pittoresque, *platrelle;* et qui, je le répète, en fait succomber un grand nombre, si une médication rationnelle et une alimentation réconfortante ne leur sont pas administrées dès les premiers signes.

En considérant la façon dont se reproduisent les moutons du Poitou, dans les localités où les cultivateurs se livrent plus particulièrement à cette industrie, il est facile de se convaincre de ce fait déplorable, à savoir : qu'aucune vue arrêtée, aucun but défini ne préside aux différentes opérations dont l'ensemble constitue la multiplication de l'espèce. Est-ce en vue de la production de la viande, ou bien dans le but de faire de la laine que les accouplements sont effectués? On ne sait. Ce qui paraît clair, c'est que c'est dans l'intention d'avoir des agneaux.

Avec une pareille indifférence, on comprend que le hasard seul y préside. Un ou plusieurs béliers, selon l'importance du troupeau de portières, se livrent à la saillie des femelles, quand et comme il leur plaît, attendu que ces béliers, du choix desquels le pur hasard décide, sont mêlés à la saison au troupeau et font des saillies jusqu'à ce que fatigue s'ensuive. Agés ordinairement de huit mois à un an seulement, de deux ans au plus, ils en fécondent le plus qu'ils peuvent. Et cependant on rencontre assez souvent quelques vieux béliers qui ont pu résister pendant plusieurs années à ce service.

A la suite d'une monte aussi libre, d'une telle licence de moyens, si je puis dire, il n'est rien d'étonnant à ce que des intervalles plus ou moins longs se passent entre l'époque de la fécondation de plusieurs groupes de femelles. Cela fait que l'agnelage dure longtemps, et que l'on remarque des différences notables dans le développement des agneaux à l'époque de la vente. Du reste, cette opération, comme la monte, s'accomplit sans être entourée des soins qui caractérisent une bonne gestion des troupeaux. En somme, on peut dire qu'en général la race du Poitou se reproduit sans règle, sans intelligence, comme la plupart de nos races animales françaises; ce qui fait qu'avec tous les moyens de perfectionnement que nous avons à notre disposition, nous sommes toujours à l'égard de nos voisins, sous ce rapport, dans un état d'infériorité écrasant.

Tel est l'état déplorable de l'industrie ovine dans notre

contrée, en ce qui touche à la multiplication de l'espèce. État bien déplorable, en effet, malgré les beaux bénéfices qu'elle produit quand même, lorsqu'on songe qu'il serait si facile de la perfectionner, et qu'un peu de bonne volonté suffirait.

L'examen que nous allons faire maintenant de son entretien, démontrera de la manière la plus évidente que l'influence de l'homme lui est à peu près étrangère.

Généralement réunis en nombre moyen de vingt à trente bêtes, rarement plus et souvent moins, on rencontre des moutons poitevins répandus dans presque tous les arrondissements de la zône centrale. Les grandes fermes, assez nombreuses dans le Bas-Poitou, entretiennent seulement des troupeaux plus importants. Toutefois, j'insiste encore sur ce fait, ce sont les petites bandes qui constituent l'immense majorité.

Ainsi constitué, le soin, la garde du troupeau sont ordinairement confiés à une jeune fille, qui conduit celui-ci deux fois par jour, en filant sa quenouille, soit dans les pâtis offerts par les pièces en friche, soit sur les bordures des chemins. Dès que, par un parcours plus ou moins long, selon l'abondance ou la rareté de l'herbe, les bêtes ont la panse pleine, elles cessent de manger et s'agglomèrent, en formant une sorte de cercle, toutes les têtes rassemblées vers le centre. Elles sont alors rentrées à la bergerie, où elles ne reçoivent presque jamais de nourriture, si ce n'est parfois quelques herbes ramassées dans les champs en culture.

C'est donc par un régime à peu près exclusif de pâturage, que les troupeaux s'entretiennent. Dans les sols remarquablement féconds du Poitou, les terres en jachère produisent une telle abondance de bonnes herbes que, non-seulement elles peuvent fournir une alimentation suffisante aux moutons, pour leur faire acquérir le volume considérable qu'ils atteignent à l'âge adulte et l'état de graisse qui le suit, mais encore elles concourent à la nourriture des juments et des mules pour une forte part.

On le voit, l'influence de l'homme se trouve ici réduite, à peu de chose près, à néant. Une jeune fille et un chien, dans le seul but d'éviter que le troupeau se répande dans les champs cultivés ou dans les vignes : voilà à quoi elle se borne. L'entretien de l'individu, c'est la nature, la fécondité normale de la terre qui s'en charge exclusivement; la reproduction de l'espèce, hors la castration par le bistournage de la plus grande partie des mâles, c'est encore en dehors de toute intervention intelligente qu'elle s'opère.

Là encore, si le cultivateur n'intervient pas en bien, du moins faut-il reconnaître qu'il ne s'interpose point non plus pour produire du mal, et que, après tout, il laisse la nature agir selon ses fins, dans son infinie sagesse. Mais il faut avoir visité un grand nombre de ces bouges restreints au possible, sans air ni lumière, et que, dans le pays, on désigne sous le nom de *toits à moutons*, pour avoir une juste idée de ce qu'il fait, quand il se mêle d'intervenir. Ces toits, dans lesquels le fumier séjourne toute l'année, sont de véritables étuves, où il est impossible à l'homme de séjourner, tant le développement des gaz ammoniacaux qui s'y opère a d'intensité. Et comme l'air ne s'y renouvelle que bien lentement, en raison du peu d'issues qui s'y trouvent, tout cela fait que le fumier de mouton jouit d'une réputation à coup sûr bien méritée.

Cette fâcheuse disposition des bergeries exerce sur le système cutané du mouton des effets tels, que les maladies psoriques sévissent dans le pays avec une effrayante intensité.

J'ai consacré quelques détails à cette race du Poitou, parce que, du point de vue auquel je me suis placé pour l'observer, elle me paraît digne d'un grand intérêt, en raison de ses aptitudes si bien tranchées, et du parti avantageux qu'il serait si facile d'en tirer.

Ainsi, dans les conditions de sa multiplication et de son entretien, étrangères les unes et les autres à l'influence raisonnée de l'homme ; malgré même les causes énergiques de dépérissement caractérisées par le mauvais état des habitations, voilà une race robuste, d'un développement tardif mais remarquable, forte mangeuse, prenant facilement la graisse, à la condition qu'elle soit abondamment nourrie : toutes les aptitudes enfin qui constituent une bonne race de boucherie, quand elles se rencontrent avec la précocité et la bonne conformation. Il entre tout-à-fait dans mon plan d'indiquer les moyens de lui faire atteindre ce résultat. Je le ferai en temps et lieu.

Race limousine. — Cette race, qui se rencontre dans toute la zône orientale de la région et dans une partie de la zône centrale, c'est-à-dire dans les arrondissements de Montmorillon, Civray, Ruffec, Confolens, Angoulême, Saint-Jean-d'Angely, Saintes, Cognac même, participe des caractères attribués par M. Magne (1) aux moutons de Faux.

(1) Ouvrage cité.

Dans toutes ces localités, elle conserve les mêmes caractères essentiels, bien que, sous le rapport de la taille et du volume, elle varie considérablement, selon le plus ou moins de fertilité du pays dans lequel elle a été élevée.

Dans les arrondissements voisins de celui ou de ceux où elle s'est formée, lesquels se trouvent situés tout-à-fait au bas du versant occidental du plateau central de la France, on l'observe dans ses conditions originelles, et avec la conformation extérieure reconnue par l'auteur que nous venons de citer aux moutons de Faux en général, et en particulier aux moutons marchois. « Ces animaux, » dit-il, « sont noirs, bruns ou blancs avec des taches noires ou d'un brun foncé sur la tête et les pattes; souvent pourvus de grosses cornes à spires allongées; à taille moyenne ou petite; à laine longue, le plus souvent en mèches pointues, à brins très gros ou moyens, et mêlés à une grande quantité de jarre. » Il ajoute, à l'article mouton marchois : « Petit, bas sur jambes, blanc de figure, corps cylindrique, à tête fine, à oreilles droites, courtes; à encolure ténue; à laine longue, très grosse, en mèches pointues. »

On conçoit qu'ayant à décrire une grande quantité de prétendues races de moutons, dont la plupart ont de très grandes ressemblances avec chacune de celles qui lui sont voisines, on conçoit que le savant agronome n'ait consacré à celle-ci qu'un article tout-à-fait sommaire. Nous, qui nous en occupons d'une manière spéciale, nous devons y apporter plus d'attention, et ajouter quelques considérations à cette description parfaitement exacte, mais un peu tronquée.

Qu'une race si petite de taille ait des membres grêles,

une charpente osseuse peu développée, certes, il n'y a rien là qui doive surprendre. Mais ce qui mérite d'attirer l'attention, c'est que, nonobstant le volume que, sous l'influence d'une alimentation riche, quelques générations lui font acquérir, — et il en est qui atteignent la taille moyenne des moutons poitevins; — dans ces conditions, les membres conservent toujours leurs dimensions exiguës, les os en général leur peu de volume. Démonstration évidente et pratique de ce principe théorique généralement admis, à savoir : que l'alimentation exerce des effets d'autant plus prompts, d'autant plus palpables, qu'on les considère dans les tissus de l'économie dont la texture est le plus perméable aux liquides nutritifs.

C'est donc là un véritable caractère, et comme le cachet particulier de cette race. Il en est un autre que j'ai constamment observé aussi et qui est surtout remarquable par le contraste qu'il établit avec la race du Poitou. Le mouton limousin, en effet, a l'arcade orbitaire peu saillante, quoique bien développée, et le chanfrein parfaitement droit; ce qui fait que sa tête a exactement la forme pyramidale, à pointe presque aiguë, tant elle est fine. Cela donne à sa physionomie une expression bien moins stupide. Encore un caractère constant et fort utile, que celui-là; non point uniquement en ce qu'il permettrait de distinguer à première vue la race qui nous occupe, si souvent avec la race du Poitou cohabitante de quelques-unes de nos localités, mais parce qu'il fait aussitôt établir la commune origine de nos bons moutons de boucherie, engraissés dans quelques cantons des arrondissements de Saintes et de Saint-Jean-d'Angely, avec ces petites et chétives bêtes des arrondissements de Civray, de Confolens, etc., et dont quelques-unes conservent leurs formes exiguës, chez les petits cultivateurs pauvres des localités peu fertiles des premiers.

Parmi les moutons limousins élevés dans la région de l'Ouest, ceux à toison noire ou même brune sont beaucoup moins communs qu'on pourrait se l'imaginer, par la lecture du passage cité ci-dessus. Ce n'est guère que dans les bêtes de la plus petite taille, qu'il s'en trouve parfois.

En général assez étendue sur les membres, bien qu'elle n'arrive pas jusqu'au jarret, la toison est peu tassée, sèche et perd peu au lavage, en raison de la petite quantité de suint qu'elle contient. Aussi est-elle grossière, peu élastique, cassante et manquant de nerf. Les plus lourdes toisons ne dépassent point le poids d'un kilog., si même elles y arrivent, dans les lieux les plus fertiles; le plus grand nombre pèsent à peine 600gr en suint.

Habituée à vivre de peu, à chercher sa nourriture dans un parcours souvent étendu, cette race est sobre, rustique, agile. Elle fournit peu de viande nette, au plus de 10 à 15k, et souvent beaucoup moins. Mais cette viande est savoureuse, d'un grain fin et serré. Tous ceux qui ont mangé des gigots de ces petites bêtes des pays arides, engraissés dans les localités plus fertiles, témoigneront de leur succulence. Et si l'on devait s'occuper plutôt de la qualité de la viande que de sa quantité, il faudrait se garder de toucher au mouton limousin, qui est vraiment supérieur sous ce rapport. Malheureusement encore, celui-ci pèche quant à la conformation de sa poitrine trop étroite, bien qu'à un degré moindre que dans le mouton poitevin, et de son épaule également peu développée ; mais son gigot est bien fourni et d'un goût tout-à-fait exquis.

C'est une chose assez intéressante à constater, et qui est bien propre à donner un rude coup à l'opinion de ces amateurs de zootechnie, qui n'ont jamais songé qu'aux accouplements, croisements, *infusions de sang pur ou métis*, pour améliorer nos races animales; il est intéressant de constater les modifications progressives qui s'observent dans la taille, dans le volume, dans l'abondance et la qualité de la laine, à mesure que de son pays natal on s'avance vers le centre de la région, vers la portion cultivée. Souvent même dans un seul village, relativement à la fortune des cultivateurs, ces mêmes différences existent : à côté de moutons limousins de la taille la plus élevée, il s'en trouve quelques-uns de la plus petite espèce.

On peut dire que c'est là le véritable mouton du pauvre. Beaucoup, qui ne possèdent pas un seul are de terre, entretiennent cependant un petit troupeau, composé de cinq à dix de ces bêtes. Et c'est malheureusement l'état le plus habituel d'entretien des animaux de cette race, dans la plus grande partie du pays où elle vit. Divisés en petits groupes de cinq à quinze bêtes, rarement plus, et disséminés chez les petits propriétaires, la laine sert pour les besoins du ménage, et les moutons sont vendus avec un petit bénéfice, pour être remplacés par d'autres.

Il n'est besoin que de songer à cette extrême division des troupeaux, pour se convaincre de l'état d'abandon dans lequel doit nécessairement être la reproduction de cette race. Ici encore, comme dans la race du Poitou, c'est au hasard, sans choix, sans soins, que les brebis s'accouplent avec un bélier de huit à dix mois. Aucune vue d'amélioration arrêtée ne se remarque non plus dans celle-ci. Et encore (pourquoi n'en serait-il pas ainsi ?) et toujours, dame nature se charge de façonner selon ses lois cette race de moutons. Ils sont, comme ceux que nous avons décrits précédemment, le produit direct, immédiat, du sol qui les a vus naître; et il faut dire qu'ils en reproduisent bien et la physionomie et la constitution.

Comme nous l'avons déjà remarqué, les moutons limousins se rencontrent assez communément dans quelques-unes des parties fertiles de la région, et alors ils ont subi des modifications dans le volume qui, pour un œil inexpérimenté, pourraient les faire considérer comme tout-à-fait étrangers à cette race. Là ils se trouvent réunis en nombre qui représente la moyenne des troupeaux de ces localités. De quinze à vingt moutons, et pour cela une bergère et au moins un chien : tel est le chiffre le plus général. C'est là un grand vice, assurément, et qui multiplie d'une manière déplorable les frais généraux. Mais ce n'est encore rien, en comparaison de ce qui se passe ailleurs, et surtout dans toute l'étendue qu'occupe exclusivement le mouton limousin.

On peut avoir une idée de ce qu'est la division de la propriété, ou plutôt de ce qu'est la division de la culture, en songeant à ce qui se passe même dans les localités qui touchent de plus près à la zône très fertile, et qui sont comme intermédiaires.

Ainsi, il résulte du travail de la commission de statistique du canton de Brioux, arrondissement de Melle, travail très consciencieusement et très remarquablement dirigé par le juge de paix de ce canton, M. Vernial, que le nombre des moutons y est au nombre des chiens de berger dans la proportion de 12.5 à 1. Dans celui d'Aunay, il est dans la proportion de 15 à 1. C'est-à-dire qu'en moyenne il y a un chien pour garder 12.5 moutons, dans le canton de Brioux, et pour en garder 15 dans celui d'Aunay. Joignez à cela la bergère indispensable, et vous verrez immédiatement la série de conséquences naturelles de cet ordre de choses. Nous aurons l'occasion de les déduire mathématiquement tout-à-l'heure.

Le parcours dans les terres incultes, dans les landes du pays, dans les pâturages et pacages de très médiocre qualité qui s'y remarquent sur de grandes étendues, est l'unique source de l'alimentation à laquelle sont soumis ces moutons. Aucune nourriture ne leur est distribuée à la bergerie; aucune culture n'est entreprise dans le but de fournir à leur subsistance. Comme je l'ai dit, ils sont ce que la production naturelle du sol les a faits; et à la seule inspection de leur état, on peut hardiment déterminer celui de l'agriculture au milieu de laquelle ils vivent.

Dans la plus grande partie de la zône agricole qu'ils habitent de préférence, et aux ressources de laquelle ils sont actuellement plus appropriés, on peut dire qu'ils constituent de chétives bêtes à laine, d'un revenu bien minime, d'un aspect qui appelle impérieusement tout un ensemble d'améliorations.

Ce serait s'exposer à de bien cuisantes déceptions, si l'on prenait à la lettre les quelques résultats que les orateurs de congrès et de concours, faiseurs de discours seulement pour la plupart, font sonner si haut. Qu'il y a loin, en effet, de ce qu'on entend dans ces solennités à la réalité ! Les intentions sont bonnes, je n'en doute pas pour mon compte ; mais hélas ! qu'on tombe de haut, quand, pour retourner chez soi, l'on rencontre à chaque pas les troupeaux de ces petites et chétives bêtes, qui fournissent à peine 10^{k} de viande nette, et tout au plus 500^{gr} de mauvaise et grossière laine, sans nerf et sans élasticité.

Voilà pourtant, en réalité, l'état présent de la race limousine dans la région de l'Ouest. De plus longs détails seraient inutiles et ne fourniraient aucun éclaircissement nouveau pour notre sujet, du point de vue auquel nous nous sommes placés pour l'envisager ; attendu que dans tout ce qui se rapporte à l'entretien général de cette race, aucune différence essentielle n'est à noter par rapport à ce qui se passe à l'endroit de la race précédente. Ce que nous pourrions dire à ce sujet deviendrait donc pure répétition. Aussi bien, j'ai hâte d'arriver à la dernière des trois races de moutons que je dois passer en revue ; non pas à cause de son importance, qui est incomparablement moindre que celle des autres, mais pour en avoir fini sur ce point.

Race champanaise. — Elle habite exclusivement la partie la plus méridionale de la région, laquelle comprend la plus grande portion des arrondissements de Barbezieux, Cognac et Jonzac, entre la Charente et la Gironde.

Très élevée en taille, très volumineuse, cette race ne ressemble à aucune de celles que nous venons de voir, et me paraît une des plus développées de France. Elle a, avec la race flamande, la plus grande ressemblance.

Jambes longues et grosses, chargées d'os ; tête volumineuse, chanfrein busqué, oreilles longues et pendantes; encolure courte; corps mince comparativement à sa hauteur; lainage très grossier, à brins longs, à mèches pointues et formant une toison volumineuse et si large, qu'elle donne quelque chose de monstrueux à l'aspect de la bête. Cette toison est peu tassée et contient une telle quantité de jarre, que les laines qui en proviennent, qualifiées dans le commerce de *laines d'entre-deux-mers*, sont réputées les plus inférieures en qualité de toute la contrée, et ne sont propres qu'à la confection des matelas.

Les moutons champanais sont très lourds. Pesés vivants, ils ne donnent pas moins de 60 à 80^k de poids brut; mais la proportion de viande nette qu'ils rendent est bien inférieure à celle des autres races plus haut décrites. Et encore cette viande est-elle de mauvaise qualité, en raison de la grande quantité d'os qu'elle contient. La toison, qui ne paraît être employée qu'à la fabrication d'étoffes très grossières, n'atteint pas, sous son grand volume, un poids relativement aussi élevé que celle des moutons de race poitevine, après le peignage, et cela eu égard à la grande proportion de déchet.

Si l'on veut bien se reporter à la description sommaire qui a été donnée au chapitre premier, de l'état de la culture dans le pays habité par cette race, on comprendra qu'elle n'y saurait être entretenue à l'état de troupeau, même aussi peu nombreux que ceux de la plupart des autres localités de la région.

Comment, en effet, trouver, dans ces cultures, de quoi fournir au parcours d'un troupeau, dans des parcelles mi-partie ensemencées en blé, et mi-partie plantées de vignes? Aussi chaque propriétaire en possède-t-il seulement un, deux, et quelquefois trois, au plus. Ils sont conduits en laisse, comme des vaches ou des chevaux, pour brouter l'herbe de quelques prairies naturelles ou artificielles ; et, pendant la plus grande portion de l'année, ils vivent des plantes adventices ramassées dans les blés par les ménagères, des débris des légumes de la cuisine, etc., etc.

On concevra facilement que des localités dont l'unique industrie est la fabrication de l'eau-de-vie de Cognac, fassent converger vers cette industrie si productive pour eux, par le fait de la faveur dont jouissent toujours, sur les marchés de Cognac et de Jarnac, les *fines champagnes*, qui, à elles seules, soutiennent en Europe et en Amérique la réputation de nos négociants; on concevra, dis-je, que toutes les forces vives de leurs habitants soient concentrées vers ce but, et qu'il ne leur reste pas de temps pour s'occuper de la production animale, qui ne joue chez eux qu'un rôle tout-à-fait secondaire.

Il ne faut pas chercher d'autre cause au peu d'intérêt que doit inspirer l'état dans lequel se trouve entretenue la race qui nous occupe. J'ajouterai même qu'elle est peu digne d'être améliorée, parce que, en fin de compte, il ne serait pas rationnel de la transplanter ailleurs, et les conditions économiques au milieu desquelles elle vit ne sont aucunement propres à l'entretien avantageux du mouton. Je n'en ai parlé que pour mémoire, pour ainsi dire ; car elle ne présente pas un effectif bien considérable, et son mode d'entretien s'opposera longtemps encore, si ce n'est toujours, comme je viens de le dire, à ce qu'on puisse avec raison préconiser des mesures capables de l'améliorer.

J'avais entendu, il y a quelques années, manifester par le

vicomte de Curzay, que la mort est venue depuis enlever à l'agriculture progressive, l'intention d'essayer, dans sa belle exploitation de la ferme du château de Curzay, le croisement de cette race avec le dishley. Il voulait tenter cet essai sur deux brebis champanaises. Il peut se faire qu'au milieu des excellentes conditions de culture qui caractérisaient alors cette belle exploitation, dirigée avec autant de zèle que de savoir par un agriculteur anglais, M. Price, conditions dans lesquelles on aurait pu fournir aux métis une alimentation très abondante; il peut se faire qu'on fût arrivé à produire des sujets dignes de figurer honorablement dans un concours, par leur grand développement. Mais je suis porté à douter, pour mon compte, que ces métissages puissent être avantageusement utilisés, dans la pratique ordinaire de la région. Je ne crois pas que le projet ait été mis à exécution, et il n'y a point à le regretter.

En résumé, si nous considérons l'ensemble de l'industrie ovine de la région de l'Ouest, en ce qui touche à l'élève et à l'entretien de l'espèce, il en résultera pour nous ces faits dominants :

1° Qu'elle se trouve disséminée en une multitude de mains, pour la plupart tout-à-fait ignorantes des règles que la science et la pratique enseignent pour en tirer tout le parti le plus avantageux possible;

2° Que par le fait de cette dissémination en petits troupeaux de quinze bêtes, en moyenne, les frais généraux se trouvent considérablement augmentés, et notamment les frais de garde, puisqu'une bergère et un chien y sont généralement employés;

3° Qu'il est facile de se rendre un compte exact de ce que coûtent ces frais; et qu'en portant au minimum le salaire de la bergère, qui ne peut être moindre de 50 francs par année, en admettant qu'elle gagne sa nourriture par les autres travaux auxquels elle peut se livrer à la maison; et aussi en portant au minimum la nourriture du chien, plus l'impôt, qui ne peuvent être moindre de 25 francs, ces frais réunis se montent à un total de 75 francs; ce qui, pour quinze moutons, fait une somme de 5 francs par tête;

4° Que cette somme de 5 francs dépasse très souvent le bénéfice brut produit par chacun d'eux, et même, dans la petite race, leur valeur totale;

5° Que, par conséquent, c'est là le phénomène qui, au point de vue économique, doit avant tout appeler l'attention de quiconque s'occupera de préconiser des améliorations.

Le résultat de toute opération agricole devant, en effet, se résoudre en bénéfices, cette considération doit primer toutes les autres; et ce ne serait qu'au mépris de la saine économie rurale, qu'elle pourrait être négligée. Je m'en garderai bien, quant à moi; et quoique cette extrême division des troupeaux tienne, dans une certaine mesure, à l'extrême division de la propriété, que j'ai signalée comme étant le caractère particulier de l'agriculture de la contrée que nous avons en vue, je crois cependant qu'il y aurait peut-être moyen, sans entrer dans le domaine de l'utopie, d'y appliquer un remède efficace.

Si, enfin, nous considérons les races dont la description précède, sous le rapport de leurs aptitudes, en tant que bêtes de rente, nous arrivons aux conclusions suivantes :

1° Quant à la production de la viande :

Des trois races, l'une, par son origine, sa nature; par son développement, par sa facilité à absorber les aliments et à prendre de la graisse, peut être amenée à constituer une excellente race de boucherie : C'est celle du Poitou.

L'autre, par sa rusticité, par sa sobriété, par le peu de développement de sa charpente osseuse, par la qualité actuelle et le goût fin et savoureux de sa chair, constitue déjà, à ce point de vue, une bonne race de cette nature, et ne laisse à désirer que sous le rapport de la précocité et du volume : C'est la race limousine.

La troisième, enfin, la moins nombreuse fort heureusement, n'offre que de très médiocres dispositions sous ce rapport, et ne mérite par conséquent aucune attention : C'est la race champanaise.

2° Quant à la production de la laine :

La première, tout en se classant dans la catégorie des bêtes propres à la production lucrative de la viande, présente des toisons communes, il est vrai, mais susceptibles d'être facilement améliorées et de produire des laines propres au peigne, et qui trouvent déjà, telles qu'elles sont, dans le commerce des débouchés avantageux, comme nous le verrons par la suite.

La seconde, peu remarquable sous ce rapport, dans son état actuel, par la grossièreté du brin, sa sècheresse, est susceptible néanmoins d'acquérir les qualités qui lui manquent, pour répondre aux mêmes besoins que la précédente.

La troisième, tout-à-fait mauvaise à cet égard, n'est

peut-être propre qu'à fournir la substance des matelas et des housses de collier, ce qu'elle a fait presque exclusivement jusqu'à présent.

Car c'est à ce double point de vue que doivent être nécessairement examinées les bêtes ovines, à notre époque.

On est généralement d'accord, dans la science, sur l'incompatibilité de ces deux genres de production chez le même individu, au moins à un certain degré de perfection. La physiologie démontre, en effet, qu'il n'est pas possible d'obtenir à la fois beaucoup de viande et de la laine fine : Une alimentation riche et abondante, indispensable pour amener le premier résultat, devant entraîner un développement plus considérable du brin, en augmentant l'activité de toutes les sécrétions.

Des travaux entrepris dans cette double voie il y a un certain nombre d'années, tendraient à démontrer cependant, qu'à la condition de se maintenir de part et d'autre dans de certaines limites, il serait peut-être avantageux d'améliorer en ce sens nos races ovines, et de faire à la fois des moutons de boucherie plus remarquables à beaucoup près que les nôtres, et des toisons incomparablement meilleures. C'est dans ce but qu'ont été suivis les croisements de *la Charmoise*, et que le métis *anglo-mérinos* a été créé.

Mais ici apparaît une question importante, et qui doit décider entre ces divers partis. Cette question, c'est celle qu'on ne doit non plus jamais négliger, avant de se livrer à une industrie quelconque : c'est la question commerciale; à proprement parler, c'est la question du débouché.

Le temps est donc venu pour nous de l'aborder. Ce sera l'objet du prochain chapitre, en même temps que nous cher-

cherons à établir l'importance agricole du mouton, dans la contrée, afin de savoir s'il y a lieu de s'occuper de son amélioration.

Le lecteur aura par là, je l'espère, la juste mesure de l'utilité du travail que j'ai entrepris, sinon de sa valeur.

CHAPITRE III.

Importance agricole et commerciale de l'espèce ovine de la région. — Débouchés.

Une fois exposés les éléments principaux de l'industrie ovine, dans nos contrées de l'Ouest, c'est-à-dire les ressources en matières premières et les qualités des moules qui donnent à l'espèce ses formes déterminées, il est encore utile de savoir si elle offre assez de valeur pour qu'il soit sage de tenter des perfectionnements.

Car il faut bien se garder d'entrer dans une voie qui peut nécessiter des avances assez importantes, alors qu'il s'agit d'un résultat économique hors de proportion avec les moyens mis en usage pour l'obtenir.

De là pour nous la nécessité d'examiner si, dans la région, l'espèce ovine est assez nombreuse, d'une valeur moyenne suffisante, d'un échange assez facile; si enfin elle rencontre des débouchés assez sûrs, assez solides, pour qu'il soit permis d'engager rationnellement dans cette industrie les capitaux nécessaires à la réalisation des améliorations que la science pourrait indiquer.

Quelques chiffres sont indispensables à la solution à peu près satisfaisante de ces divers points de la question.

Il n'eut point été bien difficile de savoir exactement, à un moment donné, le nombre des moutons qui peuplent la région, en faisant à ce sujet le relevé des travaux des commissions cantonales de statistique, si heureusement instituées il y a quelques années. Si ce chiffre eût été indispensable à la solidité de mon travail ; si j'avais eu à préciser des calculs, j'aurais certainement fait les démarches nécessaires pour me le procurer. Mais comme il ne s'agissait pour nous que de prendre une idée générale de l'importance de l'espèce ovine de l'Ouest, un résultat approximatif devait nous suffire grandement.

En calculant donc sur plusieurs résultats cantonaux de quelques-uns de nos départements, et en prenant une moyenne multipliée ensuite par le nombre des cantons qui composent la région, je suis arrivé à obtenir à cet égard un chiffre que je suis porté à considérer comme peu éloigné de la vérité.

De ce calcul, il résulte que les cinq départements de l'Ouest que nous avons en vue nourriraient 3,870,645 moutons. Mettons, si vous voulez, en chiffres ronds TROIS MILLIONS ET DEMI (3,500,000), pour rester plutôt en dessous du chiffre réel et ne pas forcer nos déductions.

En évaluant chaque tête à 15 francs, cela fait une somme de *cinquante-deux millions et demi de francs*, abstraction faite de la laine. En comptant celle-ci, pour chaque tête, et en produit annuel, à 750gr après lavage, nous arrivons à une production totale de 2,625,000kil qui, au prix moyen de 4 francs l'un, formeront la somme de *dix millions cinq cent mille francs*.

La région agricole de l'Ouest possède donc, en bêtes à laine, une valeur totale de SOIXANTE-TROIS MILLIONS DE FRANCS. C'est un beau chiffre; et l'on conviendra que cela peut passer pour une industrie déjà digne d'intérêt par elle-même. Soixante-trois millions qui rentrent chaque année dans la bourse des producteurs ! Une industrie qui roule sur une telle valeur en numéraire, vaut qu'on s'en occupe sérieusement, et qu'on fasse tous ses efforts pour lui donner l'essor qu'elle est susceptible de prendre.

Il n'est pas difficile de se convaincre, en effet, que le prix moyen de 15 francs par tête, qui représente bien réellement la valeur actuelle de nos moutons des différentes races que nous avons décrites, est un prix peu élevé, et que, sans augmenter de beaucoup les frais, il ne serait pas difficile de le porter à un taux de beaucoup plus élevé. D'autant que les améliorations porteraient nécessairement en même temps sur l'agriculture de la région.

Mais ce n'est pas encore le moment de s'occuper de cette question ; nous y arriverons par la suite.

Sans donc l'envisager à ce point de vue, un simple calcul va nous mettre à même d'apprécier dès maintenant l'extension qu'il est désirable de voir donner dans cette contrée à l'élève du mouton.

On est assez généralement d'accord sur ce fait, qu'une bonne organisation de la production agricole implique la présence, dans l'exploitation, d'un nombre de têtes de gros bétail au moins égal à celui d'hectares de terre que comporte sa superficie. Cette détermination du nombre des bestiaux repose sur cet autre fait, que le fumier produit par chaque bête représente la quantité nécessaire pour l'entretien d'un hectare de terre en bon état de fertilité. Le choix des animaux producteurs de fumier repose, bien entendu, dans ces circonstances, sur des bases rationnelles, et dépend de la nature des terres, de la situation de la ferme, des débouchés, enfin de tous les éléments qui forment les données ordinaires de l'économie rurale. Or, disons, avant d'aller plus loin, qu'à ce compte une tête de gros bétail est considérée comme l'équivalent de dix moutons.

Supposons donc que, dans la région de l'Ouest, la moitié du cheptel soit nécessaire pour les travaux de la culture; un quart ensuite sera constitué par du bétail de rente des grosses espèces; le dernier quart, enfin, par des moutons.

Dans cette hypothèse si désirable, puisque nous avons vu que la superficie de la région s'élève à environ trois millions deux-cent-cinquante mille (3,250,000) hectares, nous aurions un total de : un million six-cent-vingt-cinq mille (1,625,000) bêtes de travail; huit-cent-douze-mille-cinq-cents (812,500) bêtes de rente des grosses espèces; huit millions cent-vingt-cinq mille (8,125,000) bêtes à laine.

Par ce seul fait, et indépendamment de l'accroissement de valeur acquis par chaque individu, l'importance de l'industrie ovine se trouverait plus que doublée.

Et cette proportion d'un quart seulement, que nous supposons au plus bas, et dans le but unique de faire entrevoir l'accroissement de richesse dont cette espèce est susceptible de devenir la source pour le pays; cette proportion pourrait être de beaucoup dépassée, en raison des circonstances favorables à son entretien, qu'elle y rencontre partout.

Dans le plus grand nombre des petites exploitations, des

petites cultures, les moutons doivent un jour constituer à eux seuls la plus forte portion du bétail de rente; et cela parce que, mieux que tous les autres animaux, ils sont propres à consommer les fourrages provenant des cultures que cet état comporte; et ensuite aussi par la facilité qu'ils présentent au renouvellement fréquent d'un petit capital, à cause du peu de durée de leur engraissement.

Les risques, en outre, par le fait de ce qu'ils s'appliquent à un plus grand nombre d'individus, diminuent en raison de leur division, en même temps que le revenu effectif augmente. En fin de compte, à quelque point de vue qu'on se place, l'industrie ovine rencontre dans la petite culture des inconvénients moindres que ceux inhérents à toute autre, par rapport à cet état agricole, surtout en faisant cas des moyens propres à les amoindrir encore. Or, comme il n'est pas d'agriculture profitable (on ne saurait trop le répéter), qui ne repose sur la production animale, à mesure que la diffusion des lumières amènera le progrès, l'industrie ovine doit nécessairement dans l'Ouest prendre de l'accroissement.

Ainsi, à mesure que les cultivateurs sentiront la nécessité d'entretenir un plus grand nombre de moutons, pour fournir en plus grande quantité les engrais dont le besoin leur est aujourd'hui si bien démontré, ils se convaincront aussi de celle de donner la préférence aux races dont la valeur et les produits sont supérieurs. Ils comprendront que le prix de revient de ces mêmes engrais sera d'autant moins élevé, que les bêtes qui les auront fabriqués seront susceptibles de leur faire réaliser les plus beaux bénéfices nets. De là une préférence toute naturelle pour celles d'un engraissement précoce, d'une bonne conformation, et produisant des toisons supérieures en poids, si ce n'est même en finesse. De là encore la nécessité d'augmenter les ressources alimentaires, en renonçant à la jachère morte, et en lui substituant des cultures fourragères.

Rien de plus simple que l'enchaînement logique de ces différentes propositions. Elles se succèdent naturellement, et celle qui suit est comme le corollaire obligé de celle qui précède. Elles sont d'une évidence frappante. Il n'est pas d'intelligence qui n'en saisisse aussitôt la vérité. Et cependant, il ne faut pas se faire illusion au point d'en espérer promptement la réalisation pratique.

Il existe, chez nos petits cultivateurs, des préjugés tellement enracinés, une routine si aveugle, que *savoir* ne suffit point, et que *vouloir* se rencontre trop rarement. C'est ce qui a fait dire à Jacques Bujault, qui connaissait à fond le paysan de l'Ouest : « *Celui qui a la volonté a le pouvoir;* » et encore : « *Mes amis, je vous l'assure, quand le propriétaire* VOUDRA, *l'agriculture changera.* »

Et pourtant il ne s'agit point ici d'une de ces opérations chanceuses, dont les résultats sont toujours difficiles à calculer à l'avance et subordonnés à une multitude de circonstances impossibles à prévoir.

Essayons un peu de donner quelques détails précis à cet égard; cela nous fournira l'occasion de prouver davantage l'importance de l'entretien du mouton dans l'Ouest.

Supposons pour cela une propriété de dix hectares, afin de simplifier nos calculs, et prenons-la dans ses conditions culturales actuelles, c'est-à-dire sous l'influence de l'économie routinière qui préside à son exploitation. Nous com-

4

parerons ensuite les résultats avec ceux d'une culture rationnelle.

En thèse générale, voici d'abord comment sera composé le cheptel d'une propriété de cette étendue :

2 bœufs de travail ;

15 moutons.

Pour suffire à la nourriture de ces bêtes, deux hectares, au plus, de prairies naturelles ou artificielles; et en prenant ce chiffre nous dépassons bien certainement la moyenne générale, car la statistique du canton d'Aunay, que nous avons sous les yeux, démontre que l'étendue des prairies, comparativement aux autres cultures, est dans ce canton dans le rapport suivant seulement : — :: 1 : 7.50.

Il restera donc huit hectares à soumettre à la culture adoptée, c'est-à-dire céréales et jachères, ainsi réglées :

1re année, blé ;
2e année, blé ;
3e année, avoine ou orge ;
4e année, jachère morte ;
5e année, jachère travaillée.

Les trois têtes et demie de bétail ne pouvant fournir chaque année en fumier que la quantité nécessaire pour fumer un hectare au plus, chaque sole ne recevra donc la fumure qu'à la neuvième année. Et encore nous avons supposé les meilleures conditions de ce genre.

Maintenant, voyons un peu ce que coûtera le fumier; ce qui est un élément essentiel et comme le criterium de l'économie rurale. Nous allons en faire le compte :

Deux bœufs de travail valent en moyenne dans l'Ouest, et dans les années ordinaires, un capital de cinq cents francs, ce qui représente un intérêt de vingt-cinq francs, ci. . . . . 25 »

Ils consomment 7,500^{k} de foin qui, à 40 fr. les 1,000^{k}, valent trois cents francs, ci. . . . . 300 »

Paille pour litières, 3,500^{k}, à 20 fr. les 1,000^{k}, valant soixante-dix francs, ci. . . . . 70 »

Étables et fenils, impôt, rente, etc., etc., trente francs, ci. . . . . 30 »

Total. . . . . . . 425 »=425 »

Cent journées de travail, à 3 fr. l'une, trois cents francs, ci. . . . . 300 »

Croît moyen, trente francs, ci. . . . . 30 »

Total. . . . . . . 330 »=330 »

Différence représentant le prix de revient du fumier des deux bœufs, quatre-vingt-quinze francs, ci. . . . . 95 »

Quinze moutons, à 10 fr. l'un, prix d'achat à 2 ans, représentent un capital de 150 fr., dont l'intérêt annuel est de sept francs cinquante centimes, ci. 7 50

Nourriture à la bergerie ou au pâturage, calculée à une moyenne de 250^{gr} équivalent en foin sec, à raison de 0 fr. 02 c. le kilo, par jour et par tête, pour 365 jours, vingt-huit francs, ci. . . . . 28 »

Pailles inférieures, etc., 500^{k}, à 10 fr. les 1,000^{k}, cinq francs, ci. . . . . 5 »

Frais de garde, soixante-quinze francs, ci. . . . 75 »

Bergerie, impôt, rente, etc. . . . . 20 »

Total à reporter. . . . . . . 135 50=135 50

Report.	135 50	=135 50
Vendus gras, à raison de 15 fr. l'un, ils produisent un bénéfice de 5 fr. par tête, lequel répété une fois et demie par année, en moyenne, donne un bénéfice total de cent-dix francs, ci.	110 »	
500gr de laine lavée, à raison de 4 fr. le kilo pour quinze toisons, trente francs, ci.	30 »	
Total.	140 »	=140 »

Différence représentant le bénéfice produit par les quinze moutons, en sus du fumier, quatre francs cinquante centimes, ci. 4 50

Il résulte de ces calculs, seulement approximatifs, que le fumier produit par deux bœufs de travail et quinze moutons, entretenus sur une propriété de dix hectares, revient au cultivateur à la somme de *quatre-vingt-dix francs cinquante centimes*. Or, il peut être évalué, en poids, à dix mille kilogrammes, au plus ; car il faut bien se garder de confondre sous ce rapport les bœufs de travail avec les bœufs d'engrais, et les moutons nourris presque exclusivement au pâturage de jachère, avec ceux qui reçoivent à l'étable et à la bergerie une forte ration alimentaire. Cela porte les mille kilogrammes à *neuf francs cinq centimes*. Et je suis d'autant plus porté à considérer ce résultat comme véridique que, dans la plupart des localités de la région que nous avons en vue, le fumier s'achète communément à raison de 12 fr. les mille kilogrammes.

Voilà donc une propriété de dix hectares exploitée selon la coutume routinière de ces contrées, dont le bétail, loin de concourir pour sa part aux revenus du propriétaire par les bénéfices de croît qu'il pourrait procurer; loin de lui fournir gratuitement les engrais qui lui sont nécessaires, les lui fait encore payer la somme relativement énorme de neuf francs cinq centimes les mille kilogrammes. Sous ce rapport, l'exploitation solde en perte.

Plaçons maintenant la même propriété dans des conditions de culture basées sur l'entretien du mouton. Il nous sera facile de constater la différence. Et, pour frapper davantage, nous nous contenterons des races actuellement entretenues, laissant pour le moment de côté le surcroît de produit que donneraient ces races perfectionnées. Nous supposerons aussi le compte des bœufs identique au précédent, pour simplifier et ne nous occuper que de ce qui concerne les moutons.

Ici, l'assolement suivi sera nécessairement le suivant :

1re année, plante sarclée avec fumure entière;
2e année, froment;
3e année, pâturage semé sur la céréale;
4e année, pâturage;
5e année, avoine ou orge.

L'exploitation sera divisée en quatre soles à peu près égales.

Or, pour quiconque sait un peu se rendre compte d'un rendement moyen, il sera complètement inutile d'entrer dans aucun détail de calcul, pour justifier le fait que je vais avancer, à savoir : qu'une propriété ainsi assolée peut suffire, non pas seulement à l'entretien, mais encore à l'engraissement de *quarante moutons* pendant toute l'année, en permettant de leur distribuer une ration composée de 1 kilogr. de racines et 500 grammes de foin pris au pâturage, par jour et par tête. D'autre part, comme l'engraissement dure quatre mois, environ, il est possible de renouveler le troupeau trois fois par année, et de faire produire au même capital des bénéfices triplés.

Supposons donc ce chiffre de quarante, au lieu de quinze, qui étaient nourris dans les anciennes conditions, et établissons le compte sur les mêmes bases :

Quarante moutons, à 10 fr. l'un, représentent un capital de 400 fr., dont l'intérêt est vingt francs, ci.	20 »	
Nourriture à la bergerie, à 0 fr. 02 c. par jour et par tête, pour 40 moutons pendant 365 jours, deux cent-quatre-vingt-douze francs, ci.	292 »	
Nourriture au pâturage, à 0 fr. 01 c. par jour et par tête, pour le même nombre et le même temps, cent-quarante-six francs, ci..	146 »	
Pailles pour litières, etc., 1,000 k. à dix fr., ci. .	10 »	
Frais de garde, soixante-quinze francs, ci. . .	75 »	
Bergerie, impôt, etc., vingt francs, ci.	20 »	
Total.	563 »	=563 »
Bénéfice de 5 fr. par tête, répété trois fois l'année, pour 40 moutons, six cents francs, ci.	600 »	
500 grammes de laine par mouton, à 4 fr. le k., pour 40, quatre-vingt francs, ci.	80 »	
Total.	680 »	=680 »
Différence représentant le bénéfice produit par les 40 moutons, en sus du fumier, cent-dix-sept francs, ci	117 »	
Prix de revient du fumier des deux bœufs, quatre-vingt-quinze francs, ci.	95 »	
Différence à ajouter en sus du fumier total produit gratuitement, vingt-deux francs, ci.	22 »	

Pas n'est besoin de faire ressortir davantage la différence des deux opérations ; elle parle assez éloquemment d'elle-même. Ici, au lieu de coûter quoi que ce soit, le fumier produit en bien plus grande abondance par un troupeau plus que doublé et mieux nourri, vient s'ajouter à un bénéfice net de vingt-deux francs.

Et cependant j'ose croire que personne ne taxera mes évaluations d'erreur en plus ou en moins, pour les besoins de la cause que je défends ici ; car s'il y avait erreur réelle, elle serait à coup sûr plutôt au détriment de cette cause. Du reste, il n'est rien de plus facile que de vérifier sur les lieux mêmes les chiffres que je viens de donner, ils ont été pris presque tous dans les statisques récentes dressées par les commissions cantonales instituées par le décret rendu sur cette matière.

Il serait donc inutile d'insister davantage sur la supériorité économique d'une exploitation agricole basée sur la production animale, et, dans la plus grande partie des cultures de notre région, notamment sur celle du mouton.

Jusqu'à présent, nous avons uniquement raisonné en vue du mouton de boucherie, parce que, *à priori*, je crois que nous serons amenés à conclure de toutes les conditions au milieu desquelles nous nous trouvons, que c'est de lui qu'il faut principalement s'occuper. Toutefois, si nous répétions nos calculs en les envisageant par rapport à la production de la laine, nul doute que nous arriverions à des conclusions à peu près aussi avantageuses, relativement aux lieux, s'entend ; car l'industrie de la viande de boucherie, dans l'état actuel de la France, sera toujours plus lucrative, en général.

Comme je n'ai pour but que de frapper le jugement des

intéressés par des chiffres clairs et concluants; et comme aussi ceux que j'ai produits le sont, à ce qu'il me semble, suffisamment, il deviendrait superflu de demeurer plus longtemps sur ce point. Les résultats immédiats, directs, certains de l'entretien rationnel du mouton se traduisent en bénéfices élevés, surtout eu égard au faible capital engagé; capital qui a en outre le mérite de n'être pas au-delà de la portée de la petite culture.

Il nous reste à jeter un coup-d'œil rapide sur les conséquences essentiellement agricoles de l'extension de cette industrie. Il est bien entendu que tout cela ne s'adresse qu'à ceux de mes lecteurs, trop nombreux hélas ! qui sont restés dans le giron de la routine. Car je croirais faire injure à ceux qui ont senti la nécessité de la science, si je ne faisais cette réserve ici. Il est des choses tellement simples, tellement naturelles, tellement logiques, tellement évidentes, tellement *vraies*, en un mot, qu'il devient presque injurieux pour tout le monde de se targuer de la prétention de les démontrer. Celle-ci est de ce nombre. Et cependant combien peu savent en faire l'application !

A la seule énonciation de l'assolement que j'ai indiqué comme indispensable à l'entretien lucratif du mouton, il devient incontestable, en effet, pour tout homme au courant de la question, que, loin de s'épuiser, la terre, sous son influence, ne peut que s'améliorer de plus en plus, tout en produisant chaque année des récoltes abondantes. Produits plus considérables, à beaucoup près, et amélioration constante du fonds : tels sont certainement les effets d'une semblable culture, d'un assolement dans lequel les plantes fourragères jouent le plus grand rôle.

Et cela devient excessivement facile à comprendre, si l'on songe que dès-lors aucune portion du sol ne cesse de fournir un produit quelconque ; que, par la variété des plantes cultivées alternativement, la terre ne se dépouille jamais de la totalité des éléments qui leur sont plus particulièrement applicables ; que, par le nombre des animaux nourris abondamment, il se produit la quantité suffisante d'engrais pour la maintenir toujours dans un état de grande fertilité. Encore à ce propos nous devons nous souvenir de ces maximes populaires de notre *maître Jacques Bujault : « Pour récolter, il faut fumer. Ce n'est pas ce qu'on sème, c'est ce qu'on fume qui produit. — Sans fumier, il n'y a pas de bonnes terres ; avec du fumier, il n'y en a point de mauvaises. — Les beaux épis font les belles récoltes. — Ne sème que ce que tu peux fumer ; fais des prés, élève du bétail jusqu'à ce que tu puisses fumer tous tes blés.* »

Là réside tout le secret. Et quel bien pour les populations, dont la nourriture est en général si peu substantielle, ne doit pas résulter de l'augmentation considérable de production agricole qu'une bonne entente de leurs propres intérêts devrait forcément entraîner les cultivateurs à réaliser ! C'est en vain que l'on chercherait ailleurs la source de l'amélioration morale et matérielle du sort de ces populations, car il n'est aucun progrès qui ne soit étroitement subordonné à ceux de l'agriculture. Aussi, est-ce bien pénétré de cette idée, que le même Jacques Bujault a écrit quelque part la pensée profondément vraie que j'ai prise pour épigraphe de cette modeste ébauche : « Écrire pour le laboureur, c'est faire l'aumône au pauvre. »

Accroissement de la production agricole et surcroît de bien-être sont évidemment les deux termes corrélatifs d'une même proposition, que tout esprit positif doit reconnaître pour unique base, pour point de départ obligé de tout progrès social. Aller chercher ailleurs les éléments de ce bien-être et vouloir nous parquer dans des systèmes politiques ou économiques contre lesquels notre nature s'indigne et se révolte, tant ils lui sont profondément antipathiques, est tout simplement la pire des utopies. Et, parmi les moyens que la science met à notre disposition pour réaliser le premier terme de cette proposition, l'amélioration de l'industrie ovine, une des principales branches de la production alimentaire, mérite de figurer au rang des plus importants; surtout en considération de ce fait que nous avons établi, savoir que la petite culture domine en France, et particulièrement dans la région que nous étudions.

La démonstration évidente de cette assertion résulte, si je ne me trompe, des considérations qui précèdent. Il nous reste, pour terminer ce chapitre, à examiner les débouchés offerts par le commerce à la production du mouton dans l'Ouest.

Placés, comme nous le sommes, dans une région que des voies ferrées relient à deux centres populeux comme Paris et Bordeaux, il est clair que la question se résume à ceci: Produire beaucoup et à bon marché, dans l'assurance de ne pas manquer d'écoulement. Quelle que soit, en effet, dans la matière, la branche qu'on adopte, la laine ou la viande, le commerce saura toujours rechercher les bons produits, avec la facilité que les chemins de fer mettent à sa disposition pour les transports.

Avant l'établissement de la ligne ferrée de Paris à Bordeaux, la plus grande partie des moutons de l'Ouest étaient achetés pour la boucherie de cette dernière ville. Quelques marchands seulement conduisaient sur les marchés d'approvisionnement de la capitale, un certain nombre de moutons gras. L'éloignement plus considérable de Sceaux et de Poissy expliquait suffisamment cette préférence. Aujourd'hui c'est le contraire. En raison sans doute des conditions plus avantageuses faites au commerce par la boucherie de Paris, le plus grand nombre des moutons engraissés dans la contrée sont achetés par les marchands qui les dirigent, par bandes assez fortes, sur Niort ou sur Poitiers, Angoulême et les petites gares intermédiaires, où ils sont embarqués dans des wagons qui les conduisent à Paris. Je connais pour ma part trois ou quatre de ces marchands, qui, à eux seuls, en expédient ainsi la plus forte part.

Paris offre donc dès maintenant, pour les moutons de cette région, un débouché solidement établi et assuré. Sans tenir compte de la consommation locale, laquelle mérite cependant attention, à cause de la grande quantité de villes importantes qui se trouvent dans la circonscription, il ne faut aucunement hésiter à considérer le débouché de Paris comme ne devant jamais faire défaut, surtout à la condition qu'on lui livrera toujours des produits de bonne qualité. La perturbation réelle que l'établissement des voies ferrées qui la relient avec ce grand centre de consommation a opéré dans les relations économiques de cette contrée, — laquelle s'est traduite, comme partout, par une hausse subite de tous les objets de consommation ; — cette perturbation, disons-nous, aura forcément une durée limitée et subordonnée au temps nécessaire pour mettre la production en rapport avec l'accroissement de la demande. Mais, en définitive, cette circonstance aura été favorable à tous, en stimulant cette même production, qui n'a pas de meilleur encouragement qu'un débouché sûr et avantageux. Ceux qui déplorent inconsidérément des faits de cette nature, ne font pas attention que l'appât du gain, qui est le mobile le plus actif, amène nécessairement une augmentation des matières produites, et que, du moment que la demande demeure la même, les prix finissent naturellement par revenir à une moyenne normale et raisonnable.

A mesure donc que, par l'ouverture des nouvelles voies dont nous avons parlé, les communications deviendront plus faciles et plus promptes, des différents points de la région vers l'artère principale, il en résultera, dans les diverses branches de notre industrie rurale, un accroissement d'activité, et, par la facilité de l'écoulement des produits, une augmentation croissante de la prospérité.

Ainsi, relativement au placement des laines, il existe, dans l'état actuel des choses, entre le négociant et le producteur, un intermédiaire presque obligé, que j'oserai qualifier de fléau. Nos petits cultivateurs, dont les relations sont peu étendues, se trouvent, dans cette circonstance, abandonnés à la merci d'une classe d'industriels peu scrupuleux, qui les guettent à l'arrivée des foires et marchés, quand ils ne vont pas les piller jusque chez eux, et qui, munis d'une *romaine* le plus souvent fausse, les trompent indignement sur le poids, en leur offrant l'appât de quelques centimes de plus sur le prix du kilogramme. Cet inconvénient s'est amoindri depuis quelques années, à mesure que les instruments de pesage un peu perfectionnés ont pénétré dans les campagnes; mais il ne disparaîtra complètement qu'à dater du moment où, par la facilité et la rapidité des voyages, les négociants recommandables, pour lesquels de pareils moyens ne sont qu'insigne friponnerie, trouveront avantage à traiter directement avec les cultivateurs, et les feront ainsi bénéficier de l'agio des intermédiaires.

La grande quantité de fabriques d'étoffes grossières qui existent dans le Poitou sont, pour les laines de la région, un débouché certain. En outre, quelques négociants en expédient vers les villes manufacturières du Nord et de l'Est, notamment à Reims, des quantités considérables; et, parmi les laines communes, celles du Poitou jouissent particulièrement d'une certaine réputation dans le commerce. Si elles ne peuvent être employées pour la confection des étoffes fines, du moins subissent-elles avec succès l'épreuve du peignage, et fournissent-elles en même temps des tissus qui présentent beaucoup de corps et de solidité. Telles qu'elles sont, leur écoulement se fait bien; elles sont même recherchées pour les usages auxquels elles sont propres.

On n'en peut pas dire autant de celles qui proviennent de la race limousine, beaucoup plus grossières et heureusement moins abondantes, relativement. Il sera indispensable de les améliorer beaucoup, pour en assurer le placement avantageux.

Je saisirai cette occasion d'expliquer ici une assertion de l'honorable M. Magne (1), qui me paraît susceptible d'une fausse interprétation.

(1) Ouvrage cité. Le même auteur, dans la remarquable *Étude de nos animaux domestiques* qu'il vient de publier, énonce sur le même point une assertion plus générale, en disant que les moutons limousins sont conduits

A propos du mouton limousin ou marchois, notre excellent maître dit qu'il en a rencontré à Saint-Jean-d'Angély, que l'on conduisait vers les ports de mer. Cela pourrait porter à conclure que les moutons limousins sont ou exportés, ou consommés dans ces mêmes ports. Il n'en est rien.

C'est sans doute à l'approche de la saison des vendanges, que M. Magne a fait cette observation. Or, chaque année, des marchands vont chercher dans les arrondissements de Confolens, Ruffec ou Civray, et principalement à la foire de Verteuil, quelques troupeaux de ces petites bêtes, dont la valeur individuelle excède rarement trois francs, pour les conduire dans l'*Aunis*, où ils les vendent aux propriétaires viticoles qui, après les avoir un peu engraissés, les font consommer par leurs vendangeurs. Ils ont l'habitude de tuer, à cette époque, un ou plusieurs moutons, suivant le nombre de travailleurs qu'ils occupent à la vendange. Pour cette raison, on nomme dans le pays ces petits moutons des *vendangeurs*, et plus souvent des *vendangerounes*, en patois saintongeais, parce que les femelles dominent ordinairement.

Nous pouvons, je crois, conclure des développements qui composent ce chapitre, que l'importance agricole et commerciale de l'espèce ovine de l'Ouest est plus que suffisante pour qu'il soit nécessaire de songer à son amélioration. Elle réunit incontestablement toutes les qualités nécessaires pour être

jusqu'au bord de l'Océan. Il dit aussi que la race que nous avons appelée *champanaise* est conservée pure dans un bourg de la Charente, à *Champagne-Mouton*. En cela il a été induit en erreur, et s'il connaissait *de visu* cette partie de la Charente, nul doute qu'il n'eût point placé sur un sol aussi maigre le monstrueux mouton dont il s'agit. C'est à Champagne-Mouton que l'on trouve les succulents gigots des petits limousins dont nous avons parlé, et à coup sûr les champanais y mourraient de faim.

facilement amenée à l'état d'une des plus riches industries de notre pays, tout en impliquant dans l'agriculture de la région des progrès corrélatifs, dont le résultat final sera une large augmentation dans le bien-être des populations.

Nous pouvons donc en toute sécurité nous mettre à la recherche des améliorations actuellement possibles, avec la confiance d'entreprendre une œuvre utile, maintenant que nous avons exposé dans tous ses détails l'état de la question, sur lequel devaient nécessairement être basées ces recherches, sauf à manquer de ce cachet pratique qui se rencontre bien rarement, hélas! dans la plupart des travaux zootechniques de notre époque.

CHAPITRE IV.

Choix des branches de l'industrie ovine qui conviennent à la région.

Dans les précédents chapitres, je me suis appliqué à faire connaître l'état actuel de l'industrie ovine de l'Ouest, sous le rapport des divers éléments qui la constituent. Si je n'avais eu en vue que d'initier aux ressources qu'elle peut dès maintenant fournir à la consommation, les personnes étrangères à cette partie de notre pays, et même celles qui, tout en y résidant, ne l'ont point étudiée à ce point de vue, ma tâche serait terminée.

Mais telle n'a jamais été mon intention. J'ai surtout voulu indiquer les améliorations qui, à mon sens, seraient capables d'imprimer à tout cela un mouvement progressif suffisant pour constituer une industrie véritablement lucrative, en même temps qu'une des plus solides bases du progrès agricole, et partant du progrès général. Ce qui précède ne doit donc être considéré que comme l'exposition du sujet principal de notre étude.

En décrivant, en effet, l'agriculture du pays, les caractères extérieurs et les aptitudes de l'espèce; en démontrant l'importance agricole et commerciale des bêtes ovines, et en indiquant les débouchés de leurs produits, nous n'avons fait, je le répète, que dérouler aux yeux du lecteur attentif l'état présent de la question dont nous devons maintenant nous occuper.

Y a-t-il lieu de s'adonner principalement à l'une ou à l'autre des branches que comporte l'industrie ovine, eu égard à l'état agricole et aux débouchés, dans telle ou telle partie de la région?

Y a-t-il nécessité de modifier les races, et, dans ce cas, y aurait-il possibilité de le faire avec fruit?

Dans l'affirmative, quels devraient être les agents de ces modifications?

Telles sont les questions sur lesquelles doit se fixer notre sérieuse attention, dans ce chapitre. Pour les résoudre, nous devons tout d'abord passer rapidement en revue les éléments sur lesquels nous avons à agir.

Ce qui frappe, en premier lieu, ce sont les différences tranchées, nettes, qui se font remarquer dans les races du pays, aussi bien quant à la conformation et au volume, que relativement aux aptitudes; et ensuite, c'est que ces différences correspondent à des dissemblances aussi frappantes de l'agriculture des lieux habités par chacune d'elles.

Ainsi, tandis que celle du Poitou, originaire de contrées fertiles, se montre avec un volume assez considérable et de grandes aptitudes à l'engraissement, dès que son développement est achevé, en raison de sa qualité de forte mangeuse; la race limousine reste chétive et misérable dans toute l'étendue de la zône où elle est entretenue avec tous ses caractères, et, à cause de son développement lent, sans doute, ne se distingue que par la finesse du goût de ses petits gigots.

Nous ne nous occuperons désormais que de ces deux races, sans tenir compte de celle dite champanaise, qu'il ne serait ni rationnel ni sage, selon moi, de chercher à améliorer, dans les conditions obligatoires au milieu desquelles elle se trouve.

On ne saurait trop souvent revenir sur cette étroite relation qui existe toujours entre l'état de l'agriculture d'une contrée et celui des animaux qui y vivent, et qui, dans l'Ouest, se montre avec une rare évidence. Il y a si loin, actuellement, du mouton poitevin au mouton limousin des arrondissements de Civray et de Confolens, que rien en eux ne peut être confondu; mais il n'y a pas moins loin de l'état de l'agriculture de chacune des deux localités, par rapport à l'autre. Et la preuve que cette différence si tranchée, dans le volume surtout, est bien inhérente aux localités, c'est que, à mesure que de la limite orientale de la région on s'avance vers le centre, on peut facilement remarquer un accroissement progressif de taille et de volume, communiqué à la race, sans nul doute, par l'influence d'une alimentation plus abondante. C'est au point que dans certaines localités de la Charente-Inférieure, notamment, la race limousine a acquis un volume égal à celui de la race du Poitou, tout en conservant ses caractères essentiels de conformation.

Je veux dès à présent constater un principe incontestablement vrai, qui résulte de ce fait, et qui devra éclairer notre marche ultérieure, à savoir : que l'alimentation est toute puissante dans le développement du moule des espèces, dont la génération fournit uniquement la forme, le modèle ; et que ce sera toujours faire fausse route, de se préoccuper exclusivement de l'une ou de l'autre de ces deux influences, dans les questions de perfectionnement des races animales.

Nous allons faire une application tout-à-fait directe de ce principe à notre sujet.

A ne considérer que superficiellement l'état actuel des choses, il semblerait qu'on dût de toute nécessité envisager à part chacune des deux races dont nous devons nous occuper, afin de se prononcer sur le choix de la production vers laquelle il est préférable de tendre, dans l'exploitation de chacune d'elles.

Elles présentent, en effet, une conformation et des aptitudes en apparence si différentes, qu'il n'est sans doute venu à la pensée de personne encore, a-t-on dit quelque part, de les diriger vers le même but.

Bien donc que je ne croie pas à de pareils obstacles, pour ma part, et que quelques faits d'ailleurs aient déjà prouvé leur peu de valeur, je n'en examinerai pas moins les deux races l'une après l'autre, du point de vue auquel nous sommes placés maintenant, afin d'éviter toute espèce de confusion, et de dégager clairement ce qu'il convient de faire au sujet de chacune d'elles.

A la simple inspection de la race du Poitou, tout indique qu'elle réunit les aptitudes nécessaires pour devenir une bonne race de boucherie, comme je l'ai fait remarquer en la décrivant. Or, l'état agricole du pays où elle est entretenue peut, dès à présent, permettre d'entreprendre avec succès l'engraissement du mouton, autant par la constitution de son sol que par la facile réalisation des progrès dont la culture est susceptible. D'un autre côté, le débouché de Paris, en assurant l'écoulement de tous les produits, ajoute de nouveaux éléments de réussite.

Ici donc, il n'y a pas à hésiter : c'est à la production de la viande qu'il faut s'appliquer.

L'entente rationnelle des intérêts de la culture indique cette conclusion d'une manière nette et claire. Et, en cela, il faut remarquer une harmonie qui ne manque point d'exister, dans les questions bien étudiées, entre l'intérêt particulier et l'intérêt de tous. Nous sommes encore, en effet, en France, sous le rapport de la consommation, et par conséquent de la production de la viande, dans un état d'infériorité bien regrettable, à l'égard de plusieurs nations voisines. Le rang que nous occupons, sous ce rapport, est vraiment humiliant, quand on songe au rôle que joue le bien-être matériel des populations, en économie sociale.

Nous importons annuellement, en bêtes bovines et ovines destinées aux abattoirs, environ pour une valeur de neuf millions de francs. Malgré ces importations considérables, et que des circonstances heureusement accidentelles ont encore fait augmenter dans ces dernières années, il résulte des calculs d'un économiste dont personne, j'imagine, ne suspectera la compétence; il résulte, dis-je, des calculs de M. Raudot, que la quantité de viande offerte à la consommation, en supposant qu'elle soit également répartie entre tous les habitants du pays, ne dépasserait pas 20 kilog. par tête et par an, soit 54 grammes par jour. Mais il est reconnu que trois millions des habitants des grandes villes en consomment à eux seuls le quart ; d'où il faut nécessairement conclure que la majorité de la nation française ne mange jamais de viande de boucherie.

Or, un pareil état de choses est assurément déplorable, et tous les bons esprits s'évertuent à le faire cesser, en préconisant tous les moyens possibles. Les uns, et parmi ceux-ci se comptent des savants illustres, poussent de toutes leurs forces à la destruction du préjugé qui s'est opposé jusqu'alors à la consommation de la notable quantité de viande saine et même agréable que peuvent offrir les chevaux hors de service ou abattus pour cause d'accident, laquelle, dans les campagnes surtout, tombe généralement en pure perte. Mais cette propagande si bien intentionnée, outre le préjugé si tenace chez nous contre lequel elle lutte, rencontre encore une classe d'adversaires peu réfléchis, qui s'obstinent à déplacer la question et à repousser l'idée, sous prétexte qu'il ne serait pas rationnel de produire des chevaux de boucherie. Et qui donc songe à élever le cheval en vue de l'abattoir ? Il s'agirait tout simplement de faire tourner au bénéfice de l'hygiène publique une substance alimentaire jetée à la voirie, et tout au moins perdue ou mal employée, si ce n'est nuisible à la santé par les émanations qui résultent de sa décomposition.

On a calculé approximativement la quantité de kilogrammes de viande qui pourraient, par là, rentrer dans la consommation et améliorer la situation que je signalais tout-à-l'heure. Mais, eu égard à l'étendue du mal, ce ne peut être encore qu'un palliatif et seulement un utile auxiliaire.

D'autres, qui comptent aussi dans leurs rangs des savants non moins illustres, et même d'augustes personnages, se proposent d'y remédier par la domestication de nouvelles espèces animales. Certes, l'intention, en pareil cas, est on ne peut plus louable; mais ne serait-il pas peut-être plus rationnel et plus simple de commencer par augmenter le rendement et le nombre de celles que nous possédons déjà, en les améliorant? Et qui pourrait contester que l'organisation puissante qui s'applique au premier but, ne pût faire beaucoup pour atteindre celui-ci?

Nous sommes ainsi faits, en France; nous courons sans cesse de préférence vers l'inconnu, vers le nouveau, plutôt que de songer d'abord à tirer le meilleur parti possible de ce que nous avons sous la main. On voit, par exemple, revenir périodiquement certains articles sur l'immense avantage du défrichement de nos landes, de nos terres incultes, lesquels ont pour premier résultat de détourner l'attention d'un fait bien autrement capital, à savoir le peu d'avancement de la culture des terres depuis longtemps en exploitation. Les économistes de cette école dépenseraient volontiers des millions à mettre en valeur des terres incultes, qui marchanderaient à la culture en pleine exploitation le bétail, les engrais et les instruments qui lui manquent. C'est prendre, selon moi, le progrès à rebours.

La nécessité la plus impérieuse, comme le démontre l'apparente digression que je viens de faire, c'est de mettre le pays en état de fournir la quantité de viande nécessaire à sa consommation, par le perfectionnement et l'augmentation des animaux qu'il possède; et c'est à coup sûr le moyen le plus efficace de remédier à la situation fâcheuse accusée par les calculs de M. Raudot.

Parmi ces animaux, les moutons du Poitou peuvent, comme nous l'avons vu, concourir pour une large part au résultat. Voyons donc ce qu'il y aurait à faire pour transformer la race à laquelle ils appartiennent en une bonne race de boucherie.

Qu'est-ce, en premier lieu, qu'une bonne race de boucherie ?

Doit-on appeler ainsi seulement une race monstrueuse de taille et de volume, surchargée de graisse au point d'en porter sous la peau une couche épaisse, comme celle qui constitue le lard du porc ?

Evidemment, non ; car cela peut dépendre des goûts et des besoins généraux de la consommation, lesquels, il faut le dire, ne sont point chez nous tournés de ce côté, et y seraient au contraire antipathiques.

Une bonne race de boucherie, en France, et dans l'état présent des appétits nationaux, c'est celle qui, à une conformation irréprochable sous le rapport du développement des parties susceptibles de rendre de la viande, c'est-à-dire des masses musculaires des membres et du tronc, joint une ossature légère, des membres courts et grêles, une croissance hâtive, une aptitude marquée à l'engraissement précoce. Dans ces conditions, quelle que soit la taille, on peut avec raison espérer d'une bête un rendement supérieur en viande nette, et une économie notable de rations d'entretien.

Eh bien, quelles sont celles de ces qualités qui manquent au mouton poitevin ?

Si l'on veut bien se reporter à la description que j'en ai donnée au chapitre deuxième, on y verra que malheureusement il laisse beaucoup à désirer pour atteindre ce degré de perfection ; car ni la bonne conformation, ni le peu de développement du squelette ne sont son fait. On lui reprochera au contraire avec raison d'être haut sur jambes, étroit de poitrine, à reins peu larges, et d'une croissance lente. Mais, en revanche, on remarquera qu'il est bon mangeur et que, nourri abondamment à l'âge adulte, il prend facilement la graisse et acquiert un poids souvent élevé.

Ensuite, cette dernière aptitude une fois admise, — et elle est incontestable, — rien de plus possible que de faire subir à sa conformation les modifications qu'il est désirable de lui voir acquérir, pour qu'il réunisse les qualités qui lui manquent, surtout eu égard à l'état agricole des lieux où il est élevé. La physiologie enseigne, on le sait, que c'est par voie de génération que ces modifications s'étendent et se fixent dans une race.

Mais serait-il raisonnable, toutefois, de négliger totalement l'autre branche de production que ces bêtes présentent à considérer? En autres termes, n'y aurait-il pas lieu de joindre, dans une juste mesure, aux avantages qui résultent de la première, ceux inhérents dès maintenant à l'industrie des laines de ce pays?

Il serait fort à désirer qu'il en pût être ainsi. Nous verrons par la suite à quoi nous devrons nous arrêter à ce sujet. Poursuivons d'abord notre examen, et occupons-nous maintenant de la race limousine.

Longtemps j'avais cru, en ce qui concerne cette race, partageant en cela des avis antérieurement émis, notamment par un honorable agriculteur de la Charente, M. Terrasson de Montleau, qu'elle ne pouvait être utilement exploitée qu'en vue de la production des laines extrà-fines. Les circonstances au milieu desquelles elle vit dans sa pureté primitive, son peu de développement, sa rusticité, ses nombreuses ressemblances de conformation avec celle qui passe à bon droit pour fournir les plus belles de ces laines, tout, en un mot, me semblait, à moi aussi, devoir faire une obligation du choix de cette branche industrielle.

Non point que je m'y sentisse le moins du monde porté par des prédilections quelconques; cette conclusion, au contraire, choquait fortement mes convictions économiques; mais je la croyais inéluctable et forcée, et il ne me paraissait point qu'on pût autrement tirer bon parti, au point de vue de la zootechnie rationnelle, de la race limousine.

Car j'ai hâte de déclarer que je ne sens aucunement la nécessité de faire le moindre sacrifice, pour mettre notre pays à même de lutter contre la concurrence que nous font avantageusement nos voisins les Anglais, avec leurs laines d'Australie, en donnant chez nous plus d'extension à la production des laines fines, à grand renfort de tarifs protecteurs. Je n'appartiens point à cette école qui se renferme si volontiers dans les limites étroites d'un prétendu intérêt national, qui n'est le plus souvent en réalité que celui de quelques producteurs influents. Je pense que les nations sont faites pour échanger leurs produits, afin de se voir, de se connaître, de s'apprécier, et, par le fait de relations de plus en plus étendues, diminuer entre elles les chances de guerre, en augmentant celles de progrès et de civilisation. Je crois que l'idée qu'une nation doit toujours se suffire à elle-même, quoi qu'il en coûte, est une idée rétrograde; car, si l'on a vu décréter une fois un blocus continental par le plus grand génie des temps modernes, il faut reconnaître que ces choses là ne se voient qu'une fois peut-être dans le cours des siècles, et seulement en l'absence de la navigation à vapeur, des chemins de fer, du télégraphe électrique, et de tant d'autres agents d'extension, de relations entre les peuples et de resserrement des liens qui doivent les unir.

Des faits, d'ailleurs, plaidaient fortement en ce sens. Dans la session de 1852 du *Congrès de l'association agricole du centre de l'Ouest*, séance du 13 août, M. Terrasson de Montleau avait indiqué en ces termes le but qu'il s'agissait de poursuivre, à son avis :

« Constituer par une longue série d'alliances consanguines, une race de haut sang dont les extraits offrent, un jour, toutes les garanties désirables de constance, ou, en d'autres termes, soient doués de la précieuse faculté de se reproduire semblables à eux-mêmes ; amincir la peau du mouton pour forcer le brin de laine à sortir fin et régulièrement frisé d'un bulbe dans lequel il n'aura rien trouvé au-delà des sucs nourrissiers nécessaires à son développement, et, enfin, maintenir le corsage dans les proportions assignées par la nature, sur les pâturages rares, mais substantiels d'un sol de fertilité moyenne qui, choisi avec connaissance de cause, viendra infailliblement en aide à l'éleveur, en secondant l'effet des moyens que l'art indique pour le progrès de la finesse. »

Et en même temps, l'honorable éleveur, mettant ses préceptes en pratique, poursuivait chez lui le résultat ainsi formulé d'une manière peut-être un peu obscure, en accouplant ses brebis limousines avec des béliers mérinos de *Naz*, et produisait des toisons qui ont été remarquées et récompensées à l'Exposition universelle de 1855.

Sans donc rien changer aux qualités actuellement inhérentes, au point de vue du goût de la viande, à cette petite race, il me paraissait ainsi très facile d'en augmenter considérablement les produits, par l'amélioration de la toison.

Mais une étude plus attentive et plus approfondie du sujet, commandée d'abord par le besoin de satisfaire aux tendances économiques, qui doivent entraîner chez nous la production animale dans le sens de la consommation alimentaire; mais surtout l'observation complète de ce qui se passe dans le Berri, depuis un certain nombre d'années, relativement à l'industrie moutonnière de cette contrée; tout cela devait me faire apparaître la question sous un jour nouveau.

Et, d'abord, il ne sera point nécessaire d'insister ici pour établir qu'en principe, chez nous, la production de la laine ne peut plus intervenir avantageusement dans l'industrie ovine que comme accessoire. La belle monographie du regrettable Malingié, sur *Les bêtes ovines au XIX*[e] *siècle*, a mis ce fait hors de contestation. Les conditions économiques qui s'implantent fort heureusement dans notre agriculture progressive en font une loi. Là où tout converge vers un rendement supérieur en viande, la finesse des toisons doit nécessairement faire place à d'autres aptitudes, quand même le souci du revenu net n'en ferait pas une obligation.

Il s'agit donc de savoir si, telle qu'elle se montre actuellement, la race limousine n'est pas susceptible d'être engagée dans cette voie; si, en d'autres termes, comme on le croit, et comme je l'ai cru moi-même, elle est dépourvue des aptitudes qui pourraient la rendre propre à figurer honorablement à l'étal du boucher.

Un fait, premièrement, que je me suis attaché à mettre en lumière, peut à cet égard nous fournir un précieux enseignement.

Le lecteur, en effet, se rappelle sans doute que nous avons constaté, en suivant cette race depuis le point central de sa production jusque vers les régions où elle se trouve mêlée avec celle du Poitou, qu'à mesure que l'on se rapproche de celles-ci, l'on remarque dans son volume et dans sa taille des modifications telles, qu'elle finit bientôt par ne plus en différer que sous le rapport de sa conformation. Nous avons remarqué surtout que, malgré cette augmentation considérable de son volume, le squelette était demeuré avec ses dimensions relativement peu développées.

Or, il en faut nécessairement conclure que la race limousine recèle des aptitudes à se développer, qui n'auraient besoin que d'être quelque peu stimulées et soutenues pour se produire, soit sous l'influence d'une alimentation plus abondante seule, soit à l'aide d'appétits plus précoces et d'un moule plus propre à se l'assimiler entièrement.

Dans un cas comme dans l'autre donc, et en laissant aux circonstances agricoles la part d'influence qu'il est impossible de leur nier, dans la délimitation de la taille et du volume, on ne peut méconnaître qu'il serait possible de faire de la race limousine, absolument comme de la race du Poitou, une race de boucherie, c'est-à-dire précoce et bien conformée, en d'autres termes, une race s'assimilant promptement et facilement tous les aliments consommés, pour les transformer avant tout en graisse et en viande.

Dans ces données, la taille n'y fait rien; elle demeure, comme je viens de le dire, exclusivement sous la dépendance des circonstances agricoles, et les suit servilement dans leurs évolutions.

Du reste, les améliorations aujourd'hui pratiquées sur une large échelle dans la petite race berrichonne, principalement dans les environs de Châteauroux, ne laissent plus à l'esprit aucun doute sur la possibilité d'une pareille transformation. Tous ceux qui connaissent ce pays, et qui ont suivi de près les résultats qui ont été obtenus, en dehors de toute amélioration agricole sensible, ne peuvent se dispenser d'être convaincus de l'importance de ces résultats, sous le rapport du rendement en viande, rien que par l'amélioration du type, du moule destiné à s'assimiler les matières premières fournies par le sol.

Au centre même de la race limousine, des tentatives du même genre, quoique dans des proportions beaucoup moins étendues, n'ont pas donné des résultats moins satisfaisants. Un article de la *Revue des Deux-Mondes* nous apprenait naguère, d'après M. Léonce de Lavergne, que des produits améliorés en ce sens se sont montrés d'une valeur double de celle de leurs mères.

De tout ce qui précède il résulte donc, si je ne me trompe, qu'il y a *possibilité* de soumettre la race limousine au même genre d'exploitation que celui qui est si clairement indiqué pour la race du Poitou, et cela même dans les points de la région où elle se montre avec ses caractères primitifs, sauf à la voir se maintenir dans des limites de taille peu élevées, jusqu'à ce que le milieu agricole ait progressé suffisamment; à *fortiori* cette conclusion est-elle commandée pour les zônes où l'alimentation a déjà produit en elle un commencement d'amélioration.

Or, si j'en ai démontré la possibilité, il serait bien inutile d'en justifier la nécessité ; car, dans notre pays et à notre époque, les chiffres que j'ai relatés en commençant, au sujet du point où nous en sommes sous le rapport de la consommation de la viande, sont d'une éloquence trop frappante et trop significative, pour que les hommes qui sont quelque peu initiés aux principes les plus élémentaires de l'économie politique et sociale, aient besoin d'autres arguments. Dans une pareille situation, ce que le mouton doit nous donner avant tout, c'est de la viande ; et il ne saurait y avoir qu'une seule raison capable de le faire détourner de cette destination : ce serait qu'il ne fût pas capable de la produire économiquement. L'agriculture, avant toute chose, doit être lucrative, et l'on peut même ajouter que ce n'est qu'à cette condition qu'elle sera profitable à la société, parce que ce n'est qu'alors qu'elle sera vraiment rationnelle et scientifique.

En dernière analyse donc, il résulte de l'étude à laquelle nous venons de nous livrer, que les aptitudes des races ovines de l'Ouest, d'accord en cela fort heureusement avec les nécessités économiques, rendent ces races propres à la production de la viande, et que, malgré leurs apparentes dissemblances, un examen scrupuleux et approfondi n'en porte pas moins à conclure qu'elles sont suceptibles d'être dirigées dans la même voie d'améliorations.

Il en résulte également que, ce fait une fois admis, il va sans dire que l'industrie des laines devient, dès-lors, entièrement subordonnée à celle de la viande, et qu'elle doit subir ses lois. Il y a lieu de voir, cependant, si, dans le choix du type améliorateur, il ne sera pas nécessaire de sauvegarder, autant que possible, les bonnes conditions qui leur sont faites actuellement par le débouché digne d'attention que nous leur avons reconnu, et si ce même type ne pourra pas être propre à leur faire conserver leur valeur actuelle, sinon même à l'augmenter pour quelques-unes, et notamment pour celles de la race limousine.

C'est du choix de ce type améliorateur que nous avons maintenant à nous occuper.

CHAPITRE V.

Choix du type améliorateur.

Notre marche ainsi tracée, il est bon maintenant de poser, au début de ce chapitre, quelques principes qui devront l'éclairer, et qui, bien qu'ils soient adoptés par la plupart des hommes compétents, ne sont point cependant assez généralement connus pour que nous puissions nous dispenser de les relater ici.

Dès qu'on se trouve en présence d'une amélioration quelconque à tenter dans une ou plusieurs races animales domestiques, deux méthodes s'offrent immédiatement à suivre : Premièrement, celle de l'amélioration de la race par elle-même, *in and in*, comme disent les Anglais, qui ont fait tant et de si heureuses applications de cette méthode, c'est-à-dire par des accouplements consanguins, ou par voie de *sélection* dans la famille ; secondement, celle qui comprend les différents croisements avec d'autres races plus ou moins perfectionnées.

Améliorer les races par elles-mêmes est sans contredit le moyen le plus sûr d'arriver au résultat. Fixer par voie de génération, à l'aide d'une sélection intelligente, les modifications qui s'impriment dans la conformation et les aptitudes de quelques individus, sous l'influence des améliorations que subissent les circonstances agricoles au milieu desquelles ils se développent, c'est assurément marcher vers un but qui ne peut manquer d'être atteint. Backewel, sir Richard Goord et autres nous ont fourni à cet égard des exemples qui ne laissent aucun doute. Et ces exemples ne fussent-ils pas là, d'ailleurs, qu'il suffirait d'envisager la question au point de vue de la physiologie pour s'assurer qu'elle ne peut recevoir une autre solution.

Améliorer les individus par le milieu, par l'hygiène; fixer et étendre l'amélioration par la multiplication des individus améliorés entre eux : telle est donc la méthode la plus certaine et la plus rationnelle.

Mais il ne faut pas se dissimuler que l'application de cette méthode demande, pour produire ses fruits, beaucoup de temps et un esprit de suite dont nous autres français nous ne sommes guère capables. On serait embarrassé de citer plusieurs de nos compatriotes qui, comme les célèbres éleveurs que je citais tout à l'heure, aient consacré jusqu'à quarante années de leur existence et toute leur fortune à l'obtention d'un pareil résultat. Nous ne connaissons guère que M. Dutrône qui ait, en ce genre de travaux, fait preuve de quelque persévérance, par la création de sa magnifique race normande de bœufs sans cornes, dont *Sarlabot* nous a montré un des plus beaux et des meilleurs types.

Et puis, il faut bien le dire, indépendamment de ce que la sélection, pour être fructueuse, exige des connaissances physiologiques et un talent d'observation qui ne sauraient se rencontrer chez le commun de nos cultivateurs, et qui y seraient pourtant indispensables, dans l'état d'inorganisation où se trouve chez nous la production animale; indépendamment de cela, nous ne savons pas attendre, nous sommes toujours trop pressés de jouir; il semblerait que chaque jour dût pour nous être le dernier et n'avoir aucun lendemain. Triste effet d'un scepticisme stérile, qui nous fait les admirateurs quand même du succès présent, paralyse en nous l'esprit d'entreprise et nous porte au découragement, en riant niaisement de ces prétendus rêveurs qui se plaisent à tirer sur l'avenir des billets à longue échéance au lieu de les saluer de nos respects et de notre reconnaissance, parce qu'ils sont les initiateurs du progrès.

Aussi bien, quelque réelles que soient les difficultés que je viens de chercher à faire entrevoir, n'y aurait-il pas lieu néanmoins d'examiner jusqu'à quel point les deux méthodes dont il s'agit sont aussi tranchées et inconciliables qu'on veut bien le dire? Il me semble, quant à moi, — et je dois l'avouer dès à présent, — que la science ne ratifie point tout-à-fait cette séparation; et c'est le moment de faire appel tout à la fois, et aux principes que nous avons essayé d'établir au point de départ de cet ouvrage, et à ceux dont nous avons voulu parler au commencement de ce chapitre.

Nous avons tenu pour vrai, en effet, que les animaux sont le produit immédiat du sol sur lequel ils vivent, et qu'ils en reflètent exactement, dans leur conformation et leurs aptitudes, les caractères essentiels. C'était reconnaître en même temps l'action toute puissante, sur ces deux manifestations, des changements que la culture peut lui imprimer. Or, dans cet ordre d'idées, tout ce qui, dans la constitution des races, sort de là, est nécessairement accessoire. Il en résulte que la signification généralement accordée au mot *croisement* est beaucoup trop absolue et toute de fantaisie, et que la mesure du sang infusé par fractions plus ou moins fortes, ne peut avoir qu'une valeur d'appréciation bien secondaire et tout-à-fait relative. La proportion *du sang* (pour nous servir de l'expression consacrée par l'usage), à vrai dire, importe peu, en zootechnie rationnelle; ce qui importe beaucoup, au contraire, c'est l'appropriation exacte du type au milieu dans lequel il doit se développer.

Eh bien, je le demande, quelle différence y a-t-il, scientifiquement, entre choisir ce type dans la race locale, parmi ceux qui se rapprochent le plus des exigences du milieu, ou le prendre tout formé dans une autre race voisine ou plus ou moins éloignée? La condition essentielle à remplir, encore une fois, c'est qu'il n'existe pas une disproportion trop forte entre les circonstances agricoles et les appétits qu'il s'agit de faire développer. L'application que nous tâcherons d'en faire tout à l'heure, rendra plus facilement compréhensibles ces idées qui, ainsi formulées, ont nécessairement quelque chose d'un peu abstrait.

Le croisement, tel qu'on le préconise et tel qu'il se pratique, est sans doute plus facilement saisissable et ne présente aucune de ces difficultés. Faisant abstraction complète de la considération du milieu, qui pour nous est la principale, il taille, comme on dit, en plein drap. Il cherche, dans chaque espèce, le type le mieux réussi par rapport à sa destination, le type idéal, et puis, sans façon aucune, il le charge de tout améliorer. Il ne doute pas un seul instant de sa bienfaisante influence ; et par la seule force de sa perfection, il se charge de tout ramener à son type.

C'est extrêmement commode, on ne peut le nier, et c'est à coup sûr cette commodité qui a fait au croisement son apparente fortune ; mais aussi que de déceptions ! combien de fois l'expérience est venue démentir ces prévisions par trop fantaisistes ! C'est au point qu'une réaction générale et aveugle, comme toutes les réactions, menacerait de dépasser le but, si les esprits sensés et réfléchis, qui se sont toujours préservés de ces engouements, n'étaient là pour lui tracer ses limites.

Nous aurons occasion de voir, en poursuivant cette étude, les deux méthodes à l'œuvre, et de les juger par leurs résultats ; il est donc inutile de chercher des exemples en dehors de notre sujet. L'échec constant des essais tentés sous l'inspiration de la doctrine fantaisiste du *pur sang* envisagé comme agent unique et spécifique d'amélioration sera, je l'espère, un enseignement suffisant pour en éloigner à jamais mes lecteurs, s'ils ont quelque souci de leurs intérêts. Le succès non moins constant des tentatives rationnelles dictées par une sage combinaison des diverses influences qui dominent toutes les questions de zootechnie ; par cette combinaison qui, remettant chaque chose à sa place, suivant son degré d'importance, tient compte avant tout des conditions agricoles qui s'expriment par les ressources de l'alimentation, pour ne considérer ce qu'on appelle improprement le croisement que comme un moyen d'étendre et de fixer les améliorations qu'elles sollicitent; ce succès, dis-je, ne manquera pas sans doute de les décider en faveur du système que je veux soutenir.

Les termes du problème que nous avons à résoudre sont à présent posés aussi complètement qu'il m'a été possible de le faire. Nous connaissons la situation agricole de la région que nous avons en vue et ses ressources; les caractères et les aptitudes de ses moutons, ainsi que l'importance commerciale qu'ils lui offrent et les débouchés qui leur sont ouverts; nous savons la voie la plus profitable dans laquelle elle doit engager son industrie ovine, et par conséquent les modifications à faire subir à l'espèce, pour la conduire au but.

Notre tâche se borne donc désormais à rechercher les moyens d'améliorer cette espèce, que nous devons, comme on sait, amener au meilleur type producteur de viande.

Devons-nous, suivant les principes exprimés plus haut, entreprendre de constituer ce type par voie de sélection dans les races locales; ou bien ne serait-il pas préférable de l'emprunter à d'autres, si nous l'y rencontrions tout formé et s'adaptant au sol sur lequel nous aurions à le transplanter?

Poser la question en ces termes, c'est la résoudre dans ce dernier sens; car si l'on a bien compris les considérations que j'ai exposées il n'y a qu'un instant, cette solution est en tous points conforme au principe, et elle a en outre l'avantage d'épargner beaucoup de temps et de soins. A quoi bon se donner la peine de créer de toutes pièces ce que l'on peut rencontrer ailleurs tout fait?

Cette question, que j'essaie de traiter ici, d'autres avant moi se l'étaient posée; et sans se placer précisément au même point de vue, ils l'ont résolue diversement : les uns d'une façon purement théorique, d'autres en tentant des essais dont nous aurons à nous occuper, mais dont la plupart n'ont malheureusement pas été assez suivis pour que l'on puisse en tirer aucune conclusion bien fondée.

Ainsi, dans un excellent travail de statistique agricole sur l'arrondissement de Fontenay-le-Comte, dressé en 1845, mon honorable confrère M. Ayraud préconisait déjà l'introduction des races anglaises Dislhey et New-Kent; et à ce propos un homme dont la compétence dans ces matières est au-dessus de toute contestation, M. l'inspecteur général Yvart, faisait la remarque que ces races peuvent, en effet, être employées dans les terres fertiles et un peu humides, où l'on engraisse facilement les moutons. D'un autre côté, le *Congrès de l'association agricole du centre de l'Ouest*, dans sa session de 1846, tenue à Poitiers, a émis au sujet de l'espèce ovine de la région le vœu « qu'on procédât à son amélioration par des croisements appropriés aux différentes localités et aux besoins du commerce pour la production de la laine, et notamment avec la race mérinos et les races anglaises perfectionnées. »

Le même congrès, dans sa session de 1852, tenue à Angoulême, a émis le même vœu, en le formulant toutefois d'une manière plus explicite. Ce vœu fut, sur la proposition de M. A. Terrasson de Montleau, ainsi conçu : « Qu'il soit créé, dans la circonscription, une bergerie nationale composée d'un noyau de béliers et de brebis de la race de *Naz* pur sang, et du type anglais southdown. »

Ces vœux ne sont point demeurés tout-à-fait stériles. Un certain nombre de propriétaires ont tenté des essais dans cette voie, qui malheureusement, comme je l'ai déjà dit, n'ont pas pour la plupart été suivis d'une manière assez sérieuse pour nous fournir de bien solides enseignements ; si ce n'est pourtant qu'ayant été généralement abandonnés, cela tendrait à prouver que les résultats obtenus n'étaient pas bons.

Mais il ne faudrait point abuser d'un pareil raisonnement. Le défaut trop commun, dans ces sortes de choses, il n'y a encore que bien peu de temps, était de ne s'en occuper qu'en amateur et de manière à pouvoir figurer dans les concours. C'est seulement par cette voie, en effet, que nous avons pu savoir que des tentatives de croisement avec les races anglaises Dislhey et New-Kent ont été faites par MM. Bouchet, de Couhé (Vienne), Michaud, de Germon (Deux-Sèvres), d'Availles, du même département, de Curzay, etc.; que des essais du même genre entre la race limousine et celle de *Naz* ont été tentés par M. de Montleau, et lui ont valu une récompense à l'Exposition universelle de 1855, pour les laines qu'il en a obtenues.

A ne considérer que ces faits, il serait bien difficile, par conséquent, d'emprunter à l'expérience les éléments de la solution que nous cherchons, si surtout il fallait se borner à ceux qui se sont produits dans la région que nous étudions et que je viens de relater sommairement. Un agronome dont la haute compétence est reconnue, et que j'ai voulu consulter à ce sujet, dans la crainte que mes renseignements personnels ne fussent pas exacts, M. le marquis de Dampierre, qui s'occupe depuis plusieurs années d'études pratiques sur l'espèce ovine de la contrée; cet éminent agronome, dis-je, en me faisant l'honneur de me communiquer les résultats de ses travaux, dont j'aurai l'occasion de tirer tout à l'heure un utile parti, et dont je me fais un devoir autant qu'un plaisir de le remercier ici, m'a positivement déclaré qu'il ne connaissait personne qui se fût, dans la contrée, occupé avec suite et d'une manière un peu intéressante de la question dont il s'agit. Cette déclaration, émanant d'une pareille source, nous fait une obligation de ne tenir que peu de compte des essais que nous venons de voir, et d'examiner, principalement au point de vue théorique, les chances de succès que pourraient présenter les types améliorateurs qu'on a préconisés dans le même esprit.

En vue des besoins que notre situation économique révèle, par rapport à l'espèce ovine, et aussi par la force de ce préjugé zootechnique si enraciné, qui fait viser avant le temps à la réalisation d'un type unique pour chaque espèce, les travaux récents sur cette matière nous mettent en face d'une doctrine absolue d'amélioration, qu'il nous faut suivre dans chacune de ses manifestations.

Certes, en cela comme en toutes choses, l'unité doit se faire; et il est permis de prévoir le jour où les conditions agricoles ayant été amenées aussi près que possible de l'uniformité par les progrès de la culture, une spécialisation de types sera devenue réalisable, et nous n'aurons alors que des moutons, des bœufs, etc., coulés dans les mêmes moules. En sommes-nous arrivés à ce point? J'ai pris soin de mettre le lecteur à même de répondre à cette question. Il lui est facile de voir que les principes généraux doivent, dans l'Ouest, plier devant les circonstances locales.

Mais il y a encore, avant d'aller plus loin, une question préalable à résoudre; car je dois faire remarquer que ce que j'appellerais volontiers *la doctrine unitaire d'amélioration de l'espèce ovine* se divise, dans l'application, en deux écoles : celle qui veut améliorer avec un type de race pure, et celle qui préconise l'emploi d'un métis.

En mettant de côté, pour le moment, ce qu'il y a suivant moi d'irrationnel dans la doctrine, à cause de son défaut d'accord avec les principes que j'ai posés, il me paraît nécessaire de trancher tout d'abord, à notre point de vue, la considération supérieure et dominante du moyen.

Est-il possible, physiologiquement, d'améliorer par métis; c'est-à-dire, en termes plus facilement compréhensibles pour tout le monde, d'obtenir *d'une manière constante* des produits améliorés, par le croisement d'une race locale pure avec un métis étranger aux circonstances dans lesquelles elle se développe et s'entretient? A cette question ainsi posée, la zootechnie rationnelle commande de répondre par la négative, et nous trouverons tout à l'heure des faits nombreux et facilement explicables, pour justifier cette conclusion. Les métis, pour aussi remarquables qu'ils puissent être comme individus, ne sont jamais que des produits de circonstances artificielles, de création tout humaine, et qui ne peuvent dès lors se maintenir intacts que dans ces mêmes circonstances. On exprime cela, en termes techniques, en disant qu'ils manquent de fixité, de cette fixité qui se fait remarquer dans les races pures et naturelles, et qui fait que leur cachet s'imprime d'une façon d'autant plus solide et plus certaine, qu'on les marie avec d'autres moins fixées et moins anciennes qu'elles. C'est ce qui fait que l'empreinte du mérinos, par exemple, du mérinos d'Espagne, bien entendu, se conserve avec tant de persistance dans des troupeaux où il est seulement une fois intervenu.

Qu'il me soit permis de citer, à cette occasion, une observation que j'ai lieu de croire curieuse.

Lorsque j'exerçais la médecine vétérinaire à Aunay, j'avais remarqué, à différentes reprises, que le troupeau d'une ferme située au milieu des bois qui avoisinent Dampierre, présentait des toisons dont la laine me paraissait bien supérieure en finesse à toutes celles des autres, bien que cependant, sous le rapport de la conformation, les moutons qui composaient ce troupeau ne différassent point sensiblement de la race poitevine à laquelle ils appartenaient. Après en avoir longtemps en vain cherché la cause dans le mode d'entretien du troupeau, qui ne présentait rien de particulier, puisqu'il ne comportait, à l'égal de ceux du voisinage, que le pâturage des bois et des terrains vagues qui environnent la ferme; après avoir constaté que le marchand qui achetait chaque année la laine depuis longtemps, l'avait toujours payée plus cher précisément à cause de ce degré de finesse que j'avais moi-même remarqué, je finis par recueillir de la bouche du propriétaire, juge de paix du canton et par conséquent homme digne de foi, ce renseignement, que l'aïeul de ce même propriétaire avait introduit dans la ferme, quelque trente ans avant, si ce n'est plus, un certain nombre de béliers mérinos.

Le cachet imprimé par le mérinos avait donc été assez puissant pour se perpétuer d'une manière très sensible, en dehors de toute nouvelle intervention.

Eh bien, voilà un exemple incontestable, j'imagine, de

l'influence qu'exerce la fixité de la race, dans la question des croisements, et qui démontre jusqu'à quel point il y a lieu d'en tenir compte ; mais encore faut-il remarquer qu'elle ne se montre jamais à un pareil degré que dans les parties pour ainsi dire accessoires, et tout autant même que ses manifestations ne sont pas contrariées par le milieu, comme c'est ici le cas. Agissant sur un sol calcaire médiocrement fertile, le mérinos s'était trouvé là dans son milieu normal.

Cette prédominance de la race pure bien fixée, et que l'on appelle *atavisme*, mérite d'être prise en sérieuse considération, dans la question qui nous occupe, en ce sens qu'elle ne manque jamais de se faire sentir sur les produits d'un croisement, pour peu que les circonstances extérieures la sollicitent.

Aussi montre-t-elle sa toute puissance dans les essais qui se font depuis un certain nombre d'années à l'aide de deux prétendues races, fort remarquables, sans doute, si l'on ne considère que les individus qui les composent. Je veux parler de la race *anglo-mérinos* formée dans les bergeries de l'État par les soins de M. Yvart, trop versé dans la connaissance des choses de ce genre pour tomber lui-même dans une pareille erreur, et de la race *Charmoise* due aux soins et à la persévérance du regrettable Malingié, qui a écrit un magnifique ouvrage pour la préconiser comme type améliorateur universel de nos moutons français.

Il est un fait d'observation, c'est que partout où l'*anglo-mérinos*, individu très remarquable sous le rapport de sa double aptitude à produire à la fois de la laine intermédiaire sous le rapport de la finesse et une grande quantité de viande ; partout, dis-je, où il rencontre les conditions de progrès agricole au milieu desquelles il s'est formé, ses produits se montrent identiques avec lui. C'est ce qui arrive dans toute la région du Nord. Les succès de M. Pilat, dans le Pas-de-Calais; ceux de M. Dailly, à Trappes, et tant d'autres, sont là pour le prouver. Mais il n'en est plus de même dès qu'on le considère dans les régions moins fertiles et moins bien cultivées du Centre et du Midi. On constate là que si l'on parvient à grand peine, à force de soins, à obtenir dans tout un troupeau quelques individus pour les exhiber dans les concours, la plupart des agneaux présentent obstinément les caractères de la mère, et cela avec d'autant plus de ténacité que le croisement est poussé plus loin.

M. de Dampierre, par des essais comparatifs suivis dans ses fermes de l'Ouest et du Sud-Ouest, avec toute l'attention et la persévérance que l'éminent agronome met d'ordinaire à tout ce qu'il fait, l'a constaté de la manière la plus positive. Et M. Yvart me faisait l'honneur de me dire, il y a quelques années, à propos de ce croisement, que la région que nous avons en vue ne lui paraissait pas être en mesure de traiter assez bien son espèce ovine, pour qu'il y fût possible, attendu que la sous-race qu'il avait cherché à faire pour avoir à la fois un fort produit en laine et en viande, ne pouvait par conséquent présenter des conditions de rusticité suffisantes.

La touche de l'homme éminemment pratique se reconnaît dans cet avis; et je demande la permission de l'opposer à ceux qui, avec une autorité que je ne saurais avoir moi-même, ont encore récemment recommandé le croisement des races de notre Ouest avec l'*anglo-mérinos*.

A part la toute puissance de l'*atavisme*, qui se fait ici

d'autant plus sentir que la sous-race dont il s'agit est moins ancienne et de création plus artificielle, les produits de celle-ci ne peuvent donc rencontrer dans l'agriculture de l'Ouest de quoi satisfaire les appétits que comporte leur double aptitude si heureusement développée pour d'autres circonstances.

Si cela est vrai pour le métis *anglo-mérinos*, à plus forte raison en est-il ainsi à l'égard du métis *charmoise*, dont nous allons maintenant nous occuper.

Je dirai ici, pour ceux de mes lecteurs qui peuvent l'ignorer, que les animaux élevés à la ferme de la Charmoise par Malingié, dont l'œuvre est dignement continuée par l'un de ses fils, M. Paul Malingié, sont le résultat d'un croisement intelligent entre des brebis berrichonnes choisies parmi les plus belles, et le bélier anglais de New-Kent. Dans son livre intitulé : *Considérations sur les bêtes ovines au XIXe siècle*, Malingié prétend que ses premières brebis provenaient elles-mêmes d'un premier croisement solognot-berrichon, et qu'il les a choisies ainsi pour obtenir des produits qui portassent à un plus haut degré le cachet New-Kent ; en vertu de ce principe fort contestable, à mon avis, que les mères issues de ce premier croisement ne devant par conséquent porter aucun caractère de race, leur influence serait nécessairement nulle dans le second. En eût-il été ainsi, que l'*atavisme* n'aurait pu perdre ses droits, soit en faveur de la race solognote, soit en faveur de la race berrichonne, toutes deux fort anciennes et bien fixées ; mais des agriculteurs distingués et très au courant de tout ce qui s'est fait en Berri au sujet des moutons, habitants de Busançais, lieu où Malingié choisissait ses mères, m'ont affirmé que lesdites mères, qu'il considérait comme croisées parce qu'elles étaient nées sur la lisière de la Sologne, n'étaient rien autre chose que des berrichonnes de la plus grande pureté. Ces renseignements m'ont été fournis sur les lieux mêmes, et j'ai pu m'assurer que l'espèce ovine s'y montre en effet beaucoup plus remarquable que dans bien d'autres localités du pays.

Quoi qu'il en soit de ce point de l'histoire de la prétendue race Charmoise, peu important du reste en ce qui nous concerne, il nous suffit de savoir qu'il s'agit d'un métis dont l'influence amélioratrice sur les races de l'Ouest serait d'autant moins sûre, précisément, qu'il serait moins contestable.

En effet, au lieu d'une tendance à l'*atavisme,* nous en aurions deux, dans ce cas. Je trouve que c'est assez d'une seule, et il me sera facile de montrer par des faits qu'elle s'est plus d'une fois fait sentir.

Un essai unique, à ce qu'on m'en a dit du moins, a été tenté dans l'Ouest avec le bélier *charmoise*, et c'est par M. Gaudichaud, de Niort; mais, à ma connaissance, les résultats obtenus n'ont été montrés nulle part, et je manque absolument de renseignements à cet égard. Mais des faits nombreux recueillis dans le Berri, au milieu de circonstances agricoles fort analogues à celles dans lesquelles nous avons à agir, si ce n'est même meilleures, nous peuvent à cet égard fournir de précieux renseignements.

J'ai visité moi-même, en 1854, le troupeau de M. Masquelier, ami de Malingié, et qui, comme ce dernier à la Charmoise, a introduit dans sa belle ferme des environs de Châteauroux les habitudes et les procédés de la culture flamande. Dans ce troupeau, M. Masquelier n'employait depuis plusieurs années que des béliers pris chez son ami; et en examinant l'un après l'autre les nombreux individus de son troupeau, nous avons eu bien de la peine à y trouver autre chose que des berrichons. Quelques signes d'amélioration se montraient exceptionnellement sur quelques-uns; mais M. Masquelier se montra si content des résultats obtenus, qu'il voulut bien me faire l'honneur de me demander mon avis sur le choix du type anglais pur, par lequel il avait le dessein arrêté de remplacer promptement ses béliers venus de la Charmoise.

A ce fait fort concluant, observé par moi-même, je pourrais en joindre beaucoup d'autres qui m'ont été communiqués alors par d'habiles agriculteurs, et notamment par MM. Jules Robert et Emile Bénard, qui cultivent tous les deux d'une manière digne d'éloges dans l'arrondissement de Châteauroux.

Mais ce que l'expérience s'est chargée de démontrer, il était facile de le prévoir par les plus simples notions physiologiques sur la génération et sur l'influence réciproque des reproducteurs et du milieu dans lequel ils agissent.

Que peuvent signifier, pour peu qu'on y réfléchisse, auprès de cela, les quelques faits qui se seraient, dit-on, produits ailleurs, et dont on a fait tant de bruit? Quoi d'étonnant, je le demande, à ce que les résultats se soient montrés tout autres, dans l'agriculture avancée et sur les terrains fertiles du Nord? Là où le pur New-Kent lui-même trouverait de quoi se maintenir, comment son dérivé ne ferait-il pas merveille?

Étranges aberrations d'une zootechnie sans principes, qui

semble oublier tout exprès les enseignements de la physiologie, pour obéir à des théories factices et conçues *à priori!* Ainsi qu'elle a poursuivi la chimère de faire des chevaux anglais sans avoine, elle voudrait maintenant faire des moutons anglais sans turneps. Ici la tentative est moins dangereuse : elle n'a plus affaire à des *gentleman,* mais bien à de bons paysans qui ont encore conservé, Dieu merci, leur gros bon sens.

Quelque remarquables que soient donc, comme individus, les deux métis dont il vient d'être question, au point de vue de la production mixte qu'il s'agit de réaliser dans l'Ouest, les faits, aussi bien que la science, démontrent qu'ils seraient impuissants. Les circonstances agricoles locales contrebalanceraient inévitablement leur influence, en laissant à l'atavisme toute l'énergie de son action. Pour mieux dire, ils seraient avec le milieu dans un état de disproportion par trop manifeste.

Il faut, pour avoir quelque chance de succès, simplifier la question, en la débarrassant de tout ce conflit d'influences divergentes ; il faut trouver un type qui, par son origine et sa nature, ne s'éloigne pas trop des conditions où nous voulons le transplanter, et, pour demeurer dans les principes physiologiques qui dominent tout ce qui se rapporte à l'amélioration des races par le croisement, c'est à une race pure que nous devons l'emprunter. J'en ai assez dit, maintenant, pour n'avoir pas besoin d'insister sur ce point. Du moment qu'il s'agit de développer et de fixer des aptitudes sollicitées par l'habitat, le choix d'un type présentant à un haut degré de développement et de fixité ces mêmes aptitudes, est de toute nécessité.

Or, la direction économique de l'industrie ovine de l'Ouest doit être tournée, comme nous l'avons vu, vers la production de la viande, en tenant compte cependant, dans une certaine mesure, de l'amélioration des toisons, qui y trouvent un débouché digne d'être pris en considération. Quel type de race pure, parmi ceux qui nous sont connus et qui ont déjà été suffisamment expérimentés, peut nous conduire à ce résultat? C'est ce qu'il importe de rechercher.

Disons d'abord, — et l'aveu n'en doit rien coûter à notre amour-propre national, — disons que ce n'est que parmi les animaux anglais, qui ont dévancé les nôtres dans la voie du progrès, comme en général l'agriculture de nos voisins, que nous pouvons rencontrer ce type.

Nous avons vu déjà que quelques tentatives ont été faites, dans l'Ouest, à l'aide de béliers de la race de Dislhey, ainsi que de béliers New-Kent. Tout récemment encore, M. de la Roche-Brochard, de Poitiers, a introduit dans la Vienne des béliers de cette dernière race, achetés dans les dernières ventes publiques des bergeries de l'État. Quels résultats ont donnés ces tentatives?

Je l'ai dit, bornées à la production de quelques individus destinés aux concours, elles ne peuvent avoir qu'une portée bien minime. Il en serait autrement si, étendues à des troupeaux entiers entretenus dans les conditions ordinaires du pays, elles avaient été suivies de bons résultats. La plus remarquable de toutes, celle que le regrettable vicomte de Curzay, aidé de son habile chef de culture, M. Price, avait entreprise à sa magnifique ferme du château de Curzay (Vienne), peut-elle bien être de quelque valeur, au point de vue où nous sommes placés? Je ne le crois pas. On conçoit qu'au milieu des procédés de culture perfectionnée à la manière anglaise introduits dans cette ferme, les métis dislhey-poitevins aient pu rencontrer les conditions de nourriture propres à satisfaire leurs appétits; et je ne doute point, quant à moi, que le succès de l'opération eût été possible, si elle avait été continuée. Mais sont-ce là les conditions moyennes de l'agriculture de la région? Évidemment non; et si, dans son état actuel, on lui voulait faire nourrir des métis de cette nature, nul doute qu'ils y périraient infailliblement, même dans les parties les plus fertiles, à cause de leur peu de rusticité et de la prédominance du parcours dans le mode d'entretien des troupeaux le plus généralement répandu.

Ce qui est vrai pour le Dislhey l'est à plus forte raison pour le New-Kent, encore moins rustique que le premier. L'un et l'autre ne peuvent réussir qu'exceptionnellement, sur des points très restreints de la région, et pourvu qu'ils soient l'objet de soins et d'attentions tout particuliers. Il ne serait donc point raisonnable d'en faire les types améliorateurs uniques des races locales que j'ai décrites.

Aussi bien, du reste, comment songer à accoupler avec nos petites brebis limousines ces monstrueux béliers qui, sous le rapport du volume, leur sont au-delà de quatre fois supérieurs. Pourquoi, ensuite, amoindrir encore, par ces croisements, la rusticité de la race poitevine, déjà médiocre, comme nous l'avons vu.

Ces raisons fort majeures ne fussent-elles pas là, que d'autres décisives, à mon sens, devraient nous faire chercher ailleurs notre type. En effet, on sait que les deux races dont il s'agit se font remarquer par la grossièreté de leur laine. Uniquement façonnées en vue de la boucherie, et ayant acquis pour ce motif un développement considérable, par suite d'une alimentation plus abondante que substantielle, la toison ne pouvait manquer d'être complètement négligée. Ce n'est pas tout; elles ont encore pour nous un autre grave défaut : c'est que, pour les mêmes raisons, leur viande surchargée de graisse est fade et mauvaise, au point que les Anglais eux-mêmes ne la prisent que fort peu. C'est là une vérité qui, après avoir été longtemps contestée chez nous par les propagateurs enthousiastes des races d'outre-Manche, commence à être partout admise; mais, chose singulière, il a fallu que la réaction nous vînt de nos voisins. En Angleterre, la viande de Dislhey ou de New-Kent est tout au plus bonne pour ce qu'on appelle le peuple; l'aristocratie anglaise n'en mange jamais.

En voilà plus qu'il n'en faut, j'imagine, pour démontrer que ni le New-Kent, ni le Dislhey, ni aucun autre des types analogues par leur nature et leur développement, ne sont capables de nous faire atteindre le but que nous poursuivons. Et si ce n'était pas assez, d'ailleurs, de ces arguments, je pourrais invoquer encore en cette occasion le témoignage si compétent de M. de Dampierre qui, comme je le montrerai tout à l'heure, nous a fourni sur ce point, comme sur les autres que nous avons déjà examinés, le précieux tribut de son expérience.

Je ne dirai rien des essais de croisement opérés dans la Charente, par M. A. Terrasson de Montleau, entre des brebis limousines et le bélier mérinos de Naz, en vue de la production des laines extrà-fines. Ces essais ont réussi, et il n'y a en cela rien d'étonnant. Mais les considérations économiques que j'ai fait valoir dans un des chapitres précédents, réduisent ce fait aux proportions d'une expérience curieuse, à laquelle il ne serait ni rationnel ni sage de donner plus d'extension.

C'est, ainsi que nous l'avons vu, vers un rendement plus considérable en viande, que la race limousine, comme celle du Poitou, doit être dirigée. Les faits que j'ai cités établissent de la manière la moins contestable que, sous la seule influence des circonstances agricoles, elle est susceptible d'acquérir de la taille et du volume; elle rentre donc tout naturellement dans notre système général d'amélioration; et c'est même, pour procéder avec logique et dans un esprit vraiment pratique, en partant de ce qui la concerne plus particulièrement, qu'il nous faut l'instituer.

Nous ne devons pas perdre de vue, en effet, que le volume, le développement des animaux tient essentiellement à la nourriture qu'ils consomment, et que, par conséquent, dans le choix du type destiné à les améliorer, il est de toute nécessité de se préoccuper surtout de la conformation, en demeurant toujours, comme taille, en dessous de la puissance du milieu, celle-ci ne pouvant manquer d'en résulter. En choisissant donc un type susceptible de s'allier, sans trop de disproportion, avec la race limousine, au point de vue surtout de la rusticité, il est clair que ce même type, amélioré lui-même par une alimentation plus riche que celle dont la race peut disposer dans sa localité mère, pourra encore avec avantage s'allier à la race poitevine, en corrigeant ses défauts et donnant une plus forte impulsion à ses qualités.

Eh bien, parmi les races anglaises, dont la destination première est, comme on sait, la boucherie, il en est une qui, ainsi qu'il me sera facile de l'établir, réunit toutes les conditions que nous cherchons. C'est donc à elle qu'il me paraît sage d'emprunter l'agent des améliorations que nous voulons réaliser le plus vite possible dans nos races locales.

En effet, originaire des dunes calcaires du Sussex, la race *Southdown*, dans ses caractères primitifs, présente avec celles de l'Ouest plus d'un point de ressemblance. « La race primitive des collines de Southdown, dit David Low, était de la plus petite espèce de moutons, avec les quartiers antérieurs légers, la poitrine étroite, le cou long et les jambes de même, quoique non grossières. » On voit déjà que si les circonstances géologiques au milieu desquelles s'est formée cette race sont absolument les mêmes que celles que j'ai décrites au sujet de la région dont nous nous occupons, la conformation des moutons dont elle se composait avant son amélioration ne différait point sensiblement de celle des nôtres. Prédominance, dans l'un comme dans l'autre cas, de l'élément calcaire, d'une part, taille peu développée, longues jambes, poitrine étroite, en un mot conformation mauvaise, d'autre part : l'analogie est flagrante. Et il est inutile de pousser plus loin le parallèle, car le peu que j'en viens de montrer suffit largement pour bien établir notre point de départ.

Or, de ce point, pour que la race Southdown puisse être présentée comme le type propre à l'amélioration des races limousine et poitevine, il faut nécessairement qu'elle soit arrivée elle-même à un certain degré de perfectionnement. Qu'il soit bien entendu, dès maintenant, qu'en parlant de cette race, j'ai en vue le Southdown proprement dit, c'est-à-dire tel qu'il se montre dans les conditions ordinaires de l'agriculture des comtés qui le font naître, et non point cet animal perfectionné à outrance, pour lequel quelques amateurs se sont pris, en France, dans ces derniers temps, d'un bel engouement, et sur lequel j'aurai à m'expliquer par la suite. J'entends parler du véritable Southdown, du Southdown rustique, et dont voici la description empruntée encore au même David Low :

« La race Southdown moderne est privée de cornes dans le mâle et la femelle ; elle a la face et les pattes d'un gris noirâtre, et le corps entièrement couvert d'une toison épaisse à laine courte et frisée. La conformation générale de l'ancienne race a été conservée ; mais l'excessive légèreté des quartiers de devant a été corrigée, la poitrine développée, le dos et les reins sont devenus plus larges, et les côtes plus arrondies ; enfin, le tronc a été rendu plus symétrique et plus compact. Les membres sont devenus plus courts, proportionnellement au corps, ou, en d'autres termes, le corps est devenu plus volumineux, proportionnellement aux pattes. Le cou conserve la forme arquée, caractéristique de l'ancienne race, mais il est devenu plus court. La laine encadre bien la face et forme un toupet sur le front. Les animaux sont d'un tempéramment docile et convenable pour le parc, qui est encore généralement en usage dans les dunes. Ils peuvent subsister sur l'herbage très court des sols brûlants, et fournisent une viande qui a toujours joui d'une grande réputation. Les moutons sont ordinairement engraissés à deux ans accomplis, quoique ceux des meilleurs troupeaux soient souvent prêts à l'être dès l'âge de quinze mois environ ; tandis que les moutons de l'ancienne race étaient rarement tués avant qu'ils eussent accompli leur troisième année, ou pendant le cours de la quatrième. »

Voilà bien, si je ne me trompe, le mouton tel que nous avons dit que nous voudrions le voir dans l'Ouest. Ce n'est pas, assurément, ce fameux parallélogramme de chair que l'on vante tant, sans en avoir goûté sans doute, et que l'on rencontre chez les Dislhey, les New-Kent, et surtout chez les Southdown dits de Jonas Webb ; mais, en revanche, c'est un mouton possible dans nos conditions agricoles, parce qu'il leur est parfaitement adapté sous le rapport de sa constitution, et, de plus, arrivé à un degré de perfectionnement juste en harmonie avec les exigences de la consommation que nous devons satisfaire.

Mais autre chose doit nous entraîner d'une manière décisive dans cette voie, si les principes que nous avons posés en commençant sont vrais, et c'est, à cause de l'identité du point de depart, la nature des moyens qui ont amené la race Southdown où elle en est. Laissons, encore à cet égard, parler l'auteur anglais déjà cité :

« C'est aux soins donnés à leur éducation, dans des circonstances favorables, que les Southdown modernes doivent la supériorité qu'ils ont acquise sur tous les autres moutons à laine courte des comtés du Centre et du Sud de l'Angleterre. Avec les progrès de l'agriculture et la production plus considérable des turneps et autres plantes succulentes, les éleveurs de Sussex ont trouvé les moyens de traiter assez bien leurs animaux pour en hâter la maturité, en même temps qu'une attention plus soutenue était donnée au choix des reproducteurs, et au développement de toutes ces qualités qui indiquent une tendance à la précocité des muscles et de l'engraissement. »

Ainsi, c'est par un pur système de sélection intelligente

et persévérante que le résultat a été obtenu, en partant précisément de conditions tout-à-fait analogues, comme je l'ai déjà fait remarquer, à celles dans lesquelles vivent nos races locales. L'on peut donc rationnellement en faire bénéficier celles-ci, tout en s'épargnant les longues années de peines et de soins au prix desquelles il a été acheté par John Ellman et ses successeurs.

Prendre, dans ce cas, pour auxiliaire le Southdown, tout en améliorant les conditions agricoles, c'est tout simplement faire de la sélection, à part seulement la nécessité d'améliorer progressivement le type. Celui-ci se trouve tout formé et bien approprié au milieu; la logique la plus simple commanderait de s'en servir.

Mais, en outre, l'expérience s'est déjà prononcée à cet égard. Je pourrais invoquer celle qui se poursuit en grand dans le Berry, depuis plusieurs années, où les troupeaux ont été transformés par l'accouplement des brebis avec des béliers Southdown; toutefois l'analogie, quelque frappante qu'elle soit pour les esprits observateurs, ne vaut jamais un fait simple et local.

Or, cet accouplement se pratique dans l'Ouest par quelques éleveurs, bien que sur une petite échelle, et cela avec un plein succès. Du reste, voici ce qu'en dit M. le marquis de Dampierre, dans une note qu'il a bien voulu me communiquer, et qui aura j'espère, aux yeux du lecteur, plus d'autorité que tous mes raisonnements:

« J'ai employé comparativement les béliers *Dislhey, Dislhey-mérinos* et *Southdown* avec les races de la Lande et de la Châlosse; celles de Saintonge et de la Gastine du Poitou. Il a été manifeste pour moi, au bout de peu d'années, que le

Southdown frappait son empreinte avec une énergie incomparable et qu'il donnait plus de rusticité et de vitalité, qualités bien appréciables surtout dans les Landes et nos sous-sols argileux, si désastreux pour la santé de nos races ovines. Mes agneaux Southdown-Landais, au bout de trois mois, pesaient autant que leurs mères, et les Southdown-Saintongeais et Gastinais étaient plus près de terre, plus tassés, plus carrés que leurs mères.

« Au point de vue de la boucherie, le résultat était incontestable et contrôlé par le prix auquel les bouchers se disputaient mes agneaux. Il s'agissait d'examiner la question au point de vue de la laine. Sous ce rapport encore le croisement Southdown m'a semblé présenter une grande supériorité. La laine du Southdown n'est pas fine, mais elle a une fermeté et une solidité fort remarquables.

« J'ai exposé aux concours régionaux de 1855 et de 1856 les laines provenant de mes croisements : elles y ont obtenu la première médaille d'or. Elles ont été aussi honorées d'une médaille de bronze au concours universel, et le musée des matières textibles des Gobelins m'ayant demandé des notes et des échantillons, et voulant bien considérer comme fort intéressants mes essais sur les laines, je lui ai offert un cadre que j'avais compté garder, et qui résume mes travaux sur cette question. »

Voilà des faits qui n'ont pas besoin d'être commentés. La compétence de M. de Dampierre est suffisamment établie, et surtout son esprit dégagé de toute espèce d'idée préconçue, dans ces matières, est assez connu, pour que son témoignage soit de la plus haute portée. Je déclare, pour ma part, que, quand bien même l'étude attentive que j'ai pu faire de ce sujet ne m'aurait pas démontré jusqu'à l'évidence que le type améliorateur de nos races de l'Ouest ne peut être rationnellement emprunté qu'à la race Southdown, l'opinion de l'honorable agronome suffirait et au-delà pour m'en donner la conviction. Je me plais à espérer qu'il en sera de même du lecteur, s'il veut bien accorder toute son attention aux éléments qui ont été développés dans ce chapitre.

CHAPITRE VI.

Choix des béliers Southdown.

J'ai dit, dans le chapitre précédent, qu'en me prononçant en faveur du type Southdown, comme agent auxiliaire puissant d'amélioration des races ovines de l'Ouest, il y avait à cet égard quelques réserves à faire, et je considère comme étant de la plus grande utilité de les développer avec quelques détails; car il s'en faut de beaucoup, au point de vue pratique, qu'il soit indifférent de faire un choix raisonné, parmi les variétés que la culture a établies dans la race, pour obtenir de celle-ci les avantages économiques auxquels elle doit concourir pour sa part.

Les considérations que je vais développer à cet effet, nous conduiront en même temps à consigner dans ce chapitre des renseignements sur la valeur vénale réelle des béliers Southdown, et sur les moyens les plus simples et les plus avantageux de se les procurer, lesquels ne seront peut-être pas sans intérêt pour ceux de mes lecteurs que j'aurais eu le bonheur de convaincre, et qui, par conséquent, seraient décidés à entrer dans la voie des améliorations que j'ai signalées.

Certes, s'ils étaient bien pénétrés de la justesse des principes que je me suis efforcé de faire prévaloir, relativement à la nécessité, en pareil cas, de se préoccuper avant tout de l'étroite appropriation du type reproducteur au milieu agricole, ma tâche sur ce point pourrait être de beaucoup simplifiée. Mais nous n'en sommes pas encore, malheureusement, à pouvoir compter sur l'efficacité complète de l'enseignement dogmatique en zootechnie. Les principes veulent être appuyés sur des faits qui les sanctionnent, ou dont ils découlent par une interprétation logique et parfaitement saisissable.

Il y a, en effet, une si grande tendance à accepter sans examen la doctrine dominante que j'ai déjà tant de fois essayé de combattre, qu'il faut absolument la reprendre en sous-œuvre à propos de chaque détail, et montrer chaque fois jusqu'à quel point elle s'inspire plus de la fantaisie que de la science véritable.

Après avoir longtemps lutté contre les autres races anglaises, que les anglomanes forcenés ont tour à tour préconisées comme propres à régénérer notre espèce ovine française, le Southdown maintenant paraît décidément en possession de leur faveur. Dominés toujours par cette étrange idée de couler toutes nos races locales indigènes dans le même moule, ils en sont arrivés à ce point d'être convaincus que ce moule unique doit être le Southdown. Les admirables types appartenant à cette race qui ont été exhibés en France, dans nos concours universels, par le célèbre éleveur de Brabaham, Jonas Webb, n'ont pas peu contribué à produire cet engouement. On a comparé, type pour type, les béliers de Jonas Webb à ceux des autres races, Dislhey, New-Kent, etc., et la palme des concours ayant été le plus ordinairement adjugée, en Angleterre comme en France, à ceux-là, il n'en a pas fallu davantage pour que nos zootechniciens fantaisistes, qui ne voient en cela qu'une question de sang et de reproduction, se mettent à prêcher de toute l'ardeur de leur foi le croisement général de nos races avec le Southdown perfectionné, de même qu'on avait préconisé dans le même but, pour l'espèce bovine, le Durham, pour l'espèce chevaline, le cheval de course, le *pur sang*.

Comme on le voit, du reste, facilement, c'est être logique et demeurer dans la doctrine. Il n'y manque qu'un tout petit détail : c'est que celle-ci est radicalement fausse, ainsi que je l'ai déjà montré.

Cependant, si le Southdown perfectionné est en possession de toute la tendresse des amateurs, et si, passant de la théorie au fait, quelques-uns l'ont introduit en France pour y élever sa production à la hauteur d'une industrie lucrative, en vue de fournir aux éleveurs de moutons les agents de l'amélioration uniforme que l'on rêve, ce n'est point toutefois sans que de nombreuses protestations se soient élevées, de la part de cultivateurs sensés, qui s'obstinent à ne pas voir des merveilles là où ils ont eu à constater de cuisantes déceptions. On a vu même des jurys de concours les exclure de la lice, au grand scandale des intéressés. Néanmoins, le bruit fait autour de ces *types magnifiques*, par quelques agronomes de la presse, absolument étrangers aux études fondamentales de la zootechnie, semble devoir obscurcir les résultats déplorables qu'ils ont produits et produisent encore, dans bon nombre de cas.

L'on constate, en effet, que la rusticité native de la race, rusticité qui, unie à la beauté des formes, en fait à notre point de vue le principal mérite, a complètement disparu dans cette nouvelle variété de création tout artificielle. Résultat de l'état avancé de l'agriculture anglaise et de la sélection intelligente pratiquée par le célèbre éleveur qui l'a produite, elle ne peut vivre et se maintenir que dans des conditions culturales au moins analogues à celles qui lui ont donné naissance, et meurt le plus souvent de cachexie partout où elles ne se rencontrent pas. Et si, par des soins particuliers donnés aux béliers qui lui appartiennent, on évite ce fâcheux résultat, au cas où leurs aptitudes extraordinaires à un engraissement précoce ne diminueraient pas leurs facultés prolifiques, ils transmettent aux produits de leur accouplement avec la plupart de nos brebis indigènes ces mêmes aptitudes, à un degré tout-à-fait hors de proportion avec l'abondance et la richesse de l'alimentation que notre agriculture nous permet de leur donner.

C'est là un fait que l'expérience a mis en lumière déjà bien des fois, depuis que les béliers Southdown dits perfectionnés se sont un peu répandus dans nos troupeaux; et les registres de la clinique de l'Ecole Vétérinaire de Toulouse, notamment, pourraient témoigner éloquemment en faveur des conséquences malheureuses que nous lui attribuons.

Je ne nie pas, assurément, la beauté absolue du type dont il s'agit. Je ne nie pas non plus que, dans quelques conditions agricoles, hélas! bien exceptionnelles dans notre pays il puisse être utilement employé. Mais ce que je crois de mon devoir de soutenir, c'est que ce serait se montrer en opposition formelle avec les plus simples notions physiologiques qui doivent présider à toute zootechnie rationnelle, d'accepter la doctrine absolue qui en veut faire l'agent universel d'amélioration de nos races ovines françaises, et particulièrement de celles de l'Ouest, que nous avons plus particulièrement en vue dans ce travail.

D'ailleurs, les prix fabuleux auxquels se vendent, en Angleterre surtout, les béliers qui lui appartiennent, et qui se sont élevés, pour certains, jusqu'à six ou sept mille francs chacun; ce qui, quoi qu'on en puisse dire, ne peut guère s'expliquer que par une sorte de vogue et d'engouement dont ils sont l'objet, de l'autre côté du détroit comme chez nous, car on aurait peine à concevoir qu'ils eussent réellement cette valeur sans cela; les prix encore beaucoup trop élevés auxquels les estiment ceux qui, en ayant introduit en France, se livrent à leur exploitation industrielle; tout cela ne peut manquer de retenir l'ardeur des éducateurs de moutons qui seraient peut-être tentés de se laisser prendre aux apparences des concours, dans lesquels, il faut le dire, leur admirable conformation leur fait faire très bonne figure.

Il sera donc bien entendu que si, après avoir passé en revue les différents types de béliers anglais parmi lesquels nous devions choisir nécessairement le plus capable de hâter la production des améliorations que nous voudrions voir introduire dans l'industrie ovine de l'Ouest, en l'appropriant, suivant nos principes, à l'état de la culture, puisque nos voisins nous ont devancés dans cette voie; il sera bien entendu, dis-je, que s'il est résulté de notre étude que ce type doit être emprunté à la race Southdown, ce n'est point à la variété de cette race qui, par une sorte de culture forcée et obtenue pour ainsi dire en serre-chaude, aux dépens de la vitalité, de la rusticité primitive qui la caractérise, en est arrivée à ce degré de *perfectionnement* dont nous venons de parler. En tout il faut se garder des extrêmes ; et nous n'en sommes pas encore arrivés à pouvoir nourrir de pareils moutons. J'applaudis, pour ma part, aux excellentes intentions qui peuvent animer ceux qui les préconisent avec tant de chaleur ; mais les faits s'opposent à ce que je puisse partager des convictions que la pratique repousse comme la science, et l'intérêt de mes concitoyens me fait une obligation de les combattre de toutes mes forces.

Les béliers Southdown que je crois capables de servir économiquement et utilement le but que j'ai indiqué, sont ceux que j'ai vus à l'œuvre sur plusieurs points de la France, et notamment en Berry, où, au milieu d'une culture relativement peu avancée, ils ont en peu de temps fait changer de face un grand nombre de troupeaux, sans occasionner aucune perte, et sans qu'ils y soient l'objet d'aucuns soins autres que ceux administrés aux bêtes du pays. Ce sont ceux que l'on rencontre communément en Angleterre, et dont j'ai emprunté la description à David Low, dans le chapitre précédent. Ce sont ceux qui, tout en ayant acquis une conformation meilleure, des aptitudes plus précoces à l'engraissement, ont conservé la rusticité primitive de la race. Ce sont ceux enfin qui, sous la direction si compétente de M. l'inspecteur général Yvart, ont été introduits et acclimatés de longue main dans les bergeries de l'Etat, et y sont produits de façon à répondre à tous les besoins de notre agriculture.

Individu pour individu, ils sont peut-être moins beaux à l'œil que ceux dont nous avons parlé d'abord ; et encore rien n'est-il moins sûr ; mais, ce qui est bien certain, c'est qu'ils vivent parfaitement bien et se montrent très féconds, là où les autres meurent ou peuvent à peine se reproduire, et donnent une viande d'excellente qualité, tandis que ceux-ci, surchargés de suif et de lymphe, ne fournissent qu'un produit flasque et dépourvu de saveur.

Toutefois, il ne faut point croire non plus que, même dans les limites que je viens de poser, il n'y ait plus lieu de choisir. En agriculture, on ne saurait trop le redire, rien n'est absolu. Si l'agronomie, en tant que science, a des principes immuables, l'art agricole, au contraire, est essentiellement un art de localité, ainsi qu'on l'a fait remarquer avec beaucoup de raison. Même parmi les Southdown des bergeries de l'Etat, il y a encore bon nombre d'individus dont le volume et les aptitudes sont trop développés, pour qu'ils puissent se contenter facilement des conditions agricoles qu'ils rencontreraient dans une certaine étendue de la région de l'Ouest.

Il y a donc lieu de baser rationnellement le choix qu'on en doit faire sur ces conditions ; et le volume de la race indigène avec laquelle ils sont destinés à être croisés, est pour cela un excellent critérium. Expression exacte, elle-même, des circonstances qui l'ont formée, on comprendra facilement maintenant, j'espère, qu'elle ne peut acquérir du volume qu'à mesure de l'amélioration de ces circonstances, et que, dans l'accomplissement de l'œuvre, le type étranger que l'on fait intervenir dans sa production ne peut avoir d'autre effet que d'en hâter et d'en faciliter la venue.

C'est pour n'avoir tenu aucun compte de ce principe pourtant si simple et si essentiellement physiologique, que tant d'essais ont échoué, au grand détriment de la marche du progrès.

Par conséquent, pour en faire une application directe à notre sujet, je dirai que, dans la région de l'Ouest que nous avons décrite, les béliers Southdown destinés à l'amélioration de nos races indigènes devront être d'un volume d'autant moins considérable, qu'ils auront à exercer leur action sur les troupeaux les plus rapprochés de la limite Est de la région, c'est-à-dire là où se rencontre le plus communément la race limousine; ils seront choisis avec des proportions plus amples, à mesure qu'on se rapprochera du littoral.

Ce n'est là, du reste, qu'une question d'appareillement, en même temps qu'une question d'appropriation au milieu, puisque nous venons de répéter que les bêtes indigènes sont forcément l'expression exacte de ce dernier, dont les différents agents en constituent les facteurs.

Ainsi, nous écartons bien décidément la fallacieuse doctrine du beau absolu, en zootechnie; il nous est impossible d'admettre, après toutes les raisons que j'ai précédemment fait valoir, que les plus beaux béliers de la race amélioratrice doivent nécessairement être préférés partout et toujours, et donner les meilleurs produits. Non; la sagesse commande de ne point à cet égard outrepasser les limites de la puissance des forces naturelles, et nous savons qu'elles ont leur source unique dans les circonstances agricoles. Dès lors, en zootechnie, le véritable beau, le beau solide et lucratif, c'est le beau relatif, c'est-à-dire celui qui est en rapport avec nos moyens.

Le type améliorateur ne peut donc pas dépasser ces moyens, mais bien les suivre le plus exactement possible; et c'est pour cela que, en dernière analyse, il doit, par ses aptitudes, être en mesure de tirer plus promptement un meilleur parti de la nourriture qui suffit à la race locale, mais non point communiquer à ses produits des appétits que cette nourriture ne pourrait plus satisfaire.

En résumé : à notre race limousine et dans les contrées de sa production, les plus petits béliers Southdown, sauf à les choisir d'une taille et d'un volume progressivement plus élevés, à mesure que les conditions agricoles progresseront en amenant l'amélioration de la nourriture; à la race poitevine, des béliers plus forts, et d'autant plus qu'ils devront être introduits dans des localités plus fertiles de la zône qu'elle habite.

Là seulement est le secret du succès et le moyen d'éviter les écoles et les déceptions. Le progrès, pour marcher d'un pas sûr, doit être mesuré; et c'est en cela surtout que, pour aller en apparence plus vite, on n'en arrive pas plus tôt au but.

C'est dans les ventes publiques et aux enchères, qui se font annuellement dans les bergeries de l'Etat, et notamment à celles de l'école d'Alfort, que l'on peut se procurer le plus facilement, quant à présent, des béliers Southdown appropriés aux besoins de la région de l'Ouest. C'est là que vont, depuis plusieurs années, s'approvisionner les agriculteurs qui ont obtenu de cette race les meilleurs résultats.

C'est là que M. de Dampierre, particulièrement, dont j'ai fait connaître les heureux essais, pratiqués dans le Midi et dans l'Ouest, a été faire ses achats.

Ces ventes ont lieu au commencement du mois de mai, et l'administration fait publier à l'avance l'époque précise à laquelle elles seront effectuées. Elle fait également publier, ensuite, les noms des acquéreurs et les prix auxquels ont été adjugés les animaux vendus. Les documents de cette nature que j'ai sous les yeux, et qui donnent le relevé des chiffres atteints dans ces dernières années, établissent que la moyenne du prix d'un bélier Southdown peut être fixée à environ trois cents francs.

Certes, il y a lieu d'espérer que cette moyenne baissera, à mesure que l'administration rencontrera des débouchés plus considérables pour ses produits, car on sait que ce n'est point pour elle un objet de spéculation. Quoi qu'il en soit, du reste, et aux prix où ils sont maintenant encore, l'acquisition des béliers Southdown dont il s'agit n'en est pas moins une bonne opération, eu égard aux résultats qu'ils produisent. Il ne faut, pour s'en convaincre, que songer à l'accroissement considérable de valeur qu'ils communiquent à leurs descendants. On se souvient, par exemple, de ce qui est arrivé à cet égard chez M. de Dampierre.

L'honorable agriculteur nous l'a, en effet, dit lui-même; et, précisément au sujet du point qui nous occupe en ce moment, il ajoutait à la note qu'il a bien voulu me communiquer, le passage suivant, que je porte à la connaissance des cultivateurs de l'Ouest et du Midi avec une bien vive satisfaction :

« C'est la supériorité que j'ai trouvée à la race *Southdown* qui m'a décidé à établir à Plassac un petit troupeau de race pure, que je compte peu à peu augmenter et amener à cent têtes. Je voudrais arriver à pouvoir donner à bon marché à notre Sud-Ouest de jeunes béliers de race pure, pour les consacrer à des croisements avec des brebis indigènes. »

Ainsi, nous n'en pouvons point douter, M. de Dampierre arrivera promptement à constituer son troupeau de race pure, et les béliers qu'il pourra ensuite livrer *à bon marché*, auront en outre l'avantage considérable d'être nés et d'avoir été élevés dans la région, où ils seront dès lors parfaitement acclimatés.

On peut donc être assuré de trouver avant peu au château de Plassac (Charente-Inférieure), des béliers Southdown réunissant toutes les conditions que nous avons vu être indispensables, puisque, provenant par leurs ascendants des bergeries de l'Etat, ils auront en outre le mérite de l'acclimatement complet.

Ce sera un nouveau service rendu à la cause du véritable progrès agricole, dont l'auteur ne saurait être trop loué.

J'en ai dit assez maintenant, je pense, pour bien fixer le point de départ des améliorations à introduire dans l'industrie ovine dont nous nous occupons. Il ne nous reste plus qu'à entrer plus avant encore dans les détails de leur réalisation pratique, tels que je conçois qu'ils doivent être compris et exécutés.

Ce sera l'objet des chapitres suivants.

CHAPITRE VII.

Pratique des croisements.

Pour ceux qui, dans leur ignorance, élèvent le croisement à la hauteur d'un principe zootechnique, on conçoit fort bien qu'il doive être nécessairement, à leur sens, tout-à-fait absolu dans son application; sans cela il ne serait plus un principe. C'est-à-dire que, une race à améliorer et une race améliorante étant données, il n'y a plus, suivant eux, qu'à poursuivre par voie de génération l'absorption de celle-là par celle-ci, sans se préoccuper le moins du monde de quoi que ce soit autre chose : le *sang*, dans ces mariages successifs, étant tout puissant.

Nous n'avons plus à réfuter de pareilles idées. C'est une tâche que je me suis épargnée, en insistant si souvent pour démontrer que celui-là seul des facteurs des races mérite d'être considéré comme leur principe essentiel et fondamental, qui réside dans l'alimentation, dans le milieu hygiénique.

Mais il est une autre manière d'envisager cette question qui, pour n'être pas aussi absolue, parce qu'elle émane de sources plus éclairées, n'en a pas moins concouru à y jeter beaucoup de confusion, à cause de l'obstination qu'elle met à conserver cette malheureuse chimère de la prédominance du *sang*. Elle semble, dans certains cas, se rapprocher, dans l'application, des vrais principes; mais on la voit aussitôt, tant est puissante l'adoration qu'elle ressent pour son fétiche, errer à l'aventure sur le domaine d'une physiologie de pure fantaisie, et ne plus tenir aucun compte des ens- gnements de l'expérience, dont on l'avait cru d'abord pén trée. La science de la doctrine à laquelle je fais en ce m ment allusion, finit toujours par se résoudre en une mesu plus ou moins considérable de *sang* infusé. Pour elle, ne le voit que trop, cette mesure, uniquement basée sur type idéal qu'elle s'est formé, est toute la zootechnie. matière agricole n'est aucunement ***matière première :*** c' un simple accessoire.

Il nous importe, ici, de remettre les choses à leur pla afin de procéder avec méthode et d'éviter les fausses app cations. Je n'aurais fait qu'avancer une opinion dangereu sinon absolument inutile, au moins, si je me bornais à p coniser purement et simplement le croisement de l'esp ovine de l'Ouest par le Southdown, sans établir comment croisement peut être effectué d'une façon rationnelle.

Il appert, en effet, je suppose, du moins pour le lect qui sait comprendre, que je n'entends point que l'on pui d'ores et déjà poursuivre, par voie de génération progr sive, la disparition des races locales. Puis donc qu'il est ainsi, il faut de toute nécessité indiquer la pratique croisements à effectuer, le rôle qu'ils doivent remplir d l'amélioration de l'industrie ovine de la contrée, et le de auquel ils doivent être arrêtés.

Si j'ai été jusqu'alors suffisamment explicite, il deme acquis que le croisement des races, au lieu de mériter qualité de principe, qui lui est indûment accordée, n'est réalité qu'un moyen zootechnique ; c'est-à-dire un des p cédés, un des agents à l'aide desquels les animaux peuv être plus facilement et plus tôt amenés à un certain é d'appropriation à des besoins sociaux déterminés, état qu'il eût été néanmoins possible de leur faire atteindre sans eux, ainsi qu'en témoignent les nombreuses races qui, sans le secours de ce moyen, en sont arrivées à remplir parfaitement ces conditions. Exemple : la plupart des races anglaises améliorées par sélection.

Dès que l'on se pénètre bien de cette distinction essentielle, que je crois aussi conforme à la saine observation qu'aux enseignements les plus positifs de la science, la question qui nous occupe devient d'une simplicité et d'une clarté vraiment merveilleuses. On est alors conduit par la plus inflexible logique à rentrer purement et simplement dans le seul principe qui la domine, et à mesurer le moule sur la matière première qui peut dès à présent y être introduite ; en d'autres termes, à limiter le degré de croisement par l'état de l'agriculture, de façon à borner les aptitudes aux éléments de leur satisfaction.

Il est essentiel de ne pas perdre de vue le sens dans lequel nous avons précédemment établi que peut être le plus avantageusement dirigée l'industrie ovine de l'Ouest. Il s'agit, on s'en souvient, de faire des moutons principalement destinés à l'alimentation publique, par conséquent, des moutons de boucherie. Or, dans cette donnée, les produits peuvent être livrés, ou à l'état d'agneaux, ou soumis à l'engraissement, après qu'ils ont atteint l'âge adulte. De là la nécessité d'arriver à leur faire prendre un développement précoce, en avançant autant que possible l'époque de cet âge adulte qui, comme nous l'avons vu, est précisément assez tardive dans les races locales. Les agneaux et les moutons se vendant ordinairement au poids, sinon exactement déterminé, du moins approximativement, c'est là un moyen certain d'augmenter leur valeur échangeable ou leur prix de vente, tout en diminuant leur prix de revient de toutes les rations d'entretien nécessaires dans le cas d'un développement plus lent. De plus, une conformation meilleure, capable d'augmenter en même temps le poids net, c'est-à-dire la somme des éléments utiles, ou de la viande et de la graisse extérieure et intérieure, est également nécessaire pour porter cette même valeur à son plus haut degré.

Ce sont ces différentes qualités, concourant toutes au même but, que l'accouplement des béliers Southdown avec les brebis indigènes doit communiquer à leurs produits. Il reste à déterminer dans quelle mesure elles sont raisonnablement possibles, et par quels procédés elles peuvent être atteintes.

Nous raisonnerons dans l'hypothèse, parfaitement exacte du reste, comme on peut déjà le pressentir et comme l'expérience l'a démontré, ainsi qu'on le verra tout à l'heure, que les conditions agricoles sont insuffisantes, en général, pour maintenir le type pur dans son intégrité et même, sur beaucoup de points, encore bien qu'il n'aurait subi qu'un faible mélange. Par là, ce qui dès lors deviendra efficacement applicable au cas le plus général, le sera à plus forte raison aux situations exceptionnelles qui, par suite des principes posés, pourront du reste facilement sortir des limites assignées, à la condition de n'agir jamais qu'avec prudence.

On a, suivant moi, dans ces matières, toujours trop méconnu cette règle, en ne tenant compte que de ces situations exceptionnelles, lorsqu'on a préconisé des améliorations :

pour quoi celles-ci sont demeurées à peu près stériles, ou ne se sont accomplies que fort lentement. La première condition du progrès solide, est d'éviter les déceptions qui reculent nécessairement l'époque de son triomphe, en préparant au plus grand nombre un insuccès certain. En procédant différemment, rien de semblable ne peut se produire, et au contraire ce qui réussit pour le plus grand nombre, réussit encore bien mieux pour le plus petit, puisque les conditions du succès sont meilleures et plus certaines.

Dans l'état présent donc de l'espèce ovine de l'Ouest, il m'a toujours paru qu'il n'était pas possible de songer à lui faire acquérir les qualités que nous avons plus haut exposées, au-delà des limites qu'est à coup sûr capable de lui faire atteindre un premier degré de croisement avec le Southdown, lesquelles sont seulement compatibles avec cet état. La conformation, le volume, la précocité des premiers métis, toutes leurs aptitudes nouvelles, enfin, peuvent encore être satisfaites par les conditions hygiéniques actuellement à leur disposition; mais celles-ci seraient certainement impuissantes, dans la pluralité des cas, pour suffire à des aptitudes de ce genre plus développées. Cela s'est confirmé, d'ailleurs, chez M. de Dampierre, dans les essais suivis dont il a été déjà plusieurs fois question, et voici ce qu'il m'a écrit à cet égard :

« Je crois devoir vous faire remarquer que les produits de premier croisement sont ceux dont j'ai eu le plus à me louer; ceux de deuxième et de troisième ne valaient pas les premiers : aussi viens-je de me décider à vendre les trois quarts de mes brebis métisses, pour les remplacer par des gâtinaises pures. »

Sans nous arrêter à faire ressortir ici combien ce fait, digne de toute confiance, vient à l'appui de la doctrine que je défends, et contre celle de la toute-puissance du *sang* que je m'efforce de combattre, et qui, grâce aux efforts combinés d'un petit nombre de zootechniciens éclairés par la lumière physiologique, me paraît bien près d'être renversée, je me bornerai à appeler sur lui toute la sérieuse attention du lecteur, parce que, joint à nos déductions logiques, il me paraît propre à fournir une base inattaquable à la pratique des croisements que nous voulons généraliser.

Ainsi, cela est bien entendu, l'amélioration doit, jusqu'à nouvel ordre, se borner à la production de premiers métis uniquement destinés à la consommation, sans qu'il soit possible de songer, en aucune manière, à leur faire prendre part à la multiplication de l'espèce, ni par voie de *métissage,* ni par voie de *progression.*

Il est à peine besoin d'ajouter, dès lors, que cela implique nécessairement la conservation, au moins provisoire, des races locales à l'état de pureté, sauf à les améliorer de leur côté par l'alimentation, comme je le dirai par la suite. En conséquence, il y a, dans les troupeaux, deux buts distincts à poursuivre en même temps : amélioration de la race locale par elle-même, pour la production des mères ; croisement constant de ces mères avec des béliers Southdown, pour la production des métis uniquement destinés à la consommation, soit à l'état d'agneaux, soit à celui de moutons gras.

Partant de ces données, en vertu des principes précédemment posés, la sélection et le croisement marchant de front, il est clair qu'un moment viendra où ils pourront se confondre, par suite d'une appropriation de plus en plus rapprochée entre le milieu et le type améliorateur, appropriation qui permettra de faire au croisement une part de plus en plus large, à mesure que les anciennes conditions locales qui sollicitaient l'atavisme de la race disparaîtront. Mais, je dois le répéter, il sera toujours sage de faire devancer le croisement par les autres agents d'amélioration, afin de ne pas le faire dévier de son rôle de moyen zootechnique que nous lui avons justement assigné. Conséquence, en logique, des améliorations agricoles qui lui fournissent ses matières premières, il est impuissant à les précéder.

Telle serait, en considérant dans son ensemble l'industrie dont il s'agit, la marche à suivre, au point de vue théorique, et si tous les éducateurs de moutons devaient dès maintenant entrer franchement dans la voie qui doit conduire à son amélioration. Mais, outre qu'il n'en sera malheureusement point ainsi, à cause de l'ignorance du plus grand nombre, nous devons reconnaître aussi que l'état de division de la culture occasionné par le morcellement des terres, rend obligatoire la division de l'industrie ovine qui lui est corrélative et adéquate. Ce n'est pas chez un propriétaire en mesure d'entretenir à peine convenablement une trentaine de brebis, — et nous avons vu que la plupart ne sont même pas dans ce cas, — que l'on peut raisonnablement songer à introduire des béliers améliorateurs de trois cents francs. Il est hors d'état de faire de pareilles avances, du moins quant à présent, pour cette raison que dans son système d'exploitation le fond de roulement est absolument inconnu. Tout ce qu'on peut exiger de lui, c'est, ou la production des brebis mères indigènes, ou encore l'engraissement d'un nombre restreint de moutons améliorés, c'est-à-dire de métis Southdown.

Donc, par la force des choses, notre pratique se divise, et chacun ainsi peut concourir au but commun dans la mesure de ses forces. Les petits cultivateurs, qui veulent se livrer à la production, font des brebis indigènes, en les améliorant autant que possible par sélection, suivant les moyens que nous indiquerons. Ceux dont les ressources sont plus étendues, font, avec ces brebis réunies en troupeaux plus considérables, des croisements Southdown, dont les produits sont livrés à l'état d'agneaux à la boucherie, ou aux petits engraisseurs qui les élèvent pour la même destination.

Cette division du travail, imposée par la situation de chacun, lui permet d'atteindre son plus haut degré d'utilité, parce qu'il proportionne l'entreprise aux moyens ; condition indispensable du succès. Elle résulte, à mon sens, de l'étude économique de l'agriculture du pays, qui domine, pour tout esprit sérieux, les questions de cet ordre, et dont les enseignements rationnels commandent d'organiser les divers éléments, tels qu'ils sont, de manière à les faire converger vers le but, en les conciliant et en déterminant exactement leur part d'action.

L'amélioration de l'espèce ovine de l'Ouest comporte, quant à présent, deux temps bien distincts : 1° la sélection par les mères des races locales ; 2° le croisement par le bélier Southdown de ces mères. Son exploitation industrielle lucrative repose, elle, principalement sur l'élève et l'engraissement des métis ; mais ceux-là seuls, parmi les cultivateurs, dont la culture est capable de leur fournir une alimentation suffisante, peuvent s'y livrer, soit qu'ils aient un troupeau suffisant pour les produire, soit qu'ils se bornent, faute de cela, à leur élève ou à leur engraissement. Une nourriture abondante est, de toute nécessité, la base d'une pareille entreprise; sans quoi il vaudra toujours mieux s'en tenir aux races locales, jusqu'à ce que, par les progrès de la culture, les conditions dont il s'agit soient réalisées.

Voilà, si je ne me trompe, comment doit être entendue la pratique des croisements que nous recommandons, pour obéir aux règles de prudence dont il ne faut jamais se départir quand il y a lieu d'explorer, en agriculture, un terrain nouveau. C'est que là les expériences coûtent toujours trop cher et sont souvent ruineuses; ce dont ne se pénètrent peut-être pas assez les écrivains qui, avec les meilleures intentions du monde, se hâtent trop de vouloir faire partager au public agricole les illusions que leur inspirent des études insuffisantes.

Je n'ose me flatter d'avoir été suffisamment clair, dans l'exposition de ce chapitre, le plus difficile et le plus important de l'ouvrage, pour me faire bien comprendre. Il eût été plus simple et plus commode, à coup sûr, de n'entrer à cet égard dans aucun détail, ainsi qu'on l'a fait assez généralement dans les matières de ce genre. Mais alors j'aurais craint, et avec quelque raison, je crois, de n'avoir produit qu'une œuvre au moins stérile, et sans doute, dans tous les cas, plus nuisible qu'utile. Car du moment que je soutiens que le croisement, envisagé, je ne dirai pas comme facteur des races, parce que cette expression est impropre, suivant moi, mais comme facteur d'individus améliorés, n'est qu'un moyen pur et simple pour arriver au résultat, parmi les nombreux qui y concourent, je devais nécessairement essayer de préciser la forme suivant laquelle il peut, dans l'espèce, être mis en pratique, en ne sortant pas du principe qui le domine.

Ce principe, c'est celui que je me suis toujours efforcé, dans les pages qui précèdent, de mettre en évidence par l'interprétation logique des faits observés, après l'avoir posé dans l'introduction même de ce livre, et dont le moment est venu maintenant d'établir les déductions pratiques.

CHAPITRE VIII.

Améliorations agricoles.

Les détails que nous avons consacrés au choix du type améliorateur de l'espèce ovine de l'Ouest et à la pratique des croisements qui peuvent être entrepris à son aide étant exposés, nous avons à nous occuper maintenant, comme je viens de le dire, des modifications à apporter au milieu, afin d'en obtenir tout leur effet utile, et d'amener progressivement, par cette unique voie, sa complète transformation.

J'ai dit que, quant à présent, il ne fallait point songer à pousser ces croisements au-delà du premier degré, et que, par conséquent, il était indispensable de conserver dans leur pureté les races locales destinées à fournir des mères. Il ne s'ensuit point, ainsi que je l'ai dit aussi, que celles-ci ne doivent de leur côté être améliorées. Leur amélioration est au contraire indispensable, pour arriver au but que nous nous proposons; mais elle ne peut être efficacement poursuivie que par l'alimentation et par une sélection intelligente. C'est par des améliorations agricoles, dont nous allons déterminer la nature, que cette alimentation améliorante peut être fournie. Quant à la sélection, je vais lui consacrer d'abord quelques mots qui seront suffisants.

Il est connu que le type représenté par le Southdown est celui que nous voulons arriver à produire. Or, pour arriver à ce type par voie de sélection, il s'agit tout simplement de choisir toujours, dans le troupeau, pour les accoupler, les femelles et les mâles qui s'en éloignent le moins; c'est-à-dire ceux dont la charpente osseuse est le moins développée, la poitrine plus ample, les reins plus larges, les cuisses mieux descendues; qui sont en un mot plus près de terre et plus carrés.

Il est en outre de toute nécessité de nourrir le plus abondamment possible et avec les aliments les plus convenables les mères et les agneaux, pour procurer à ceux-ci un développement précoce.

Ainsi disposée et améliorée par elle-même, la race locale pourra ensuite sans inconvénient se fondre avec la race étrangère, pour former des métis qui, suffisamment appropriés aux circonstances agricoles, se maintiendront autant qu'elles et pourront se multiplier par eux-mêmes sans difficulté. Cela n'est plus qu'une question de temps.

Et c'est ici l'occasion de placer une remarque générale, au sujet du *métissage* considéré comme facteur des races. Les zootechniciens les plus recommandables de notre époque refusent à ce moyen la faculté de concourir à les constituer, et ils ont raison, au fond; mais, pour être logiques, ils devraient aussi la contester au *croisement*. Dans sa véritable acception, le mot race ne s'applique qu'à ces collections d'individus d'une espèce, présentant les mêmes caractères qui se perpétuent par voie de génération, et qui se sont formées par les seules influences climatériques et locales. Il n'y a, en réalité, que des races naturelles. Or, du moment qu'ils reconnaissent que le croisement, secondant, à titre de moyen, suivant nous, les influences hygiéniques, peut former des races artificielles capables de se maintenir autant que durent ces influences, pourquoi ne pas admettre qu'il en puisse être ainsi du métissage pratiqué dans les mêmes conditions? Dans l'un comme dans l'autre cas, ce sont toujours ces mêmes influences qui dominent la question, et les faits s'inscrivent tous les jours en faux contre les théories plus ou moins subtiles sur lesquelles reposent les distinctions que l'on veut établir. Pur ou non, le type se reproduit toujours, lorsqu'il est suffisamment approprié aux circonstances locales, ainsi que j'en ai du reste cité des exemples dans le courant de ce travail, exemples sur lesquels il est inutile de revenir.

Il est, à vrai dire, puéril, de nous attacher à des mots. Ce qui nous importe avant tout, c'est de produire en nombre suffisant des individus présentant les qualités nécessaires pour remplir le but que nous nous proposons, et pour cela il est seulement indispensable de mettre notre agriculture en état de le faire.

Les engrais étant la base fondamentale de toute amélioration agricole, il s'ensuit nécessairement qu'une culture rationnelle doit reposer sur leur production économique, et par conséquent avoir pour point de départ l'entretien du bétail chargé de les fabriquer. Or, telle qu'elle est constituée par l'état de la propriété, celle de l'Ouest ne saurait mieux atteindre ce résultat que par l'industrie ovine qui, comme nous l'avons comprise, peut seule se prêter aux nécessités de sa situation et y entrer comme bétail de rente, aussi bien dans l'une que dans l'autre des catégories qu'elle comporte.

En effet, les grandes propriétés sont en mesure d'entreprendre la production des métis Southdown, en faisant les avances qu'elle nécessite pour l'achat des béliers, la construction des bergeries perfectionnées, l'acquisition du matériel et l'adjonction du personnel nécessaire à une pareille entreprise, pour la conduire à bonne fin. Les moyennes, un peu plus nombreuses, peuvent se charger de l'amélioration de la race locale par elle-même, pour livrer aux premières les brebis destinées aux croisements. Enfin, les petites, qui prédominent, doivent se borner à l'élève et à l'engraissement des métis qui leur seront livrés par les grands troupeaux; ce qui peut d'ailleurs être fait concurremment avec la production, dans les deux premiers cas.

Voilà donc trois branches parfaitement distinctes, quoique solidaires, de la même industrie, et une véritable division du travail qui, en la simplifiant, ne peut que concourir à l'accroissement de ses bénéfices. Cette organisation si naturelle et si en rapport avec les nécessités économiques, tranche, si je ne m'abuse, toutes les difficultés qui, au premier abord, auraient pu être opposées aux progrès que nous préconisons.

Dans un des premiers chapitres de cet ouvrage, consacré à l'importance agricole que peut avoir, dès à présent, l'espèce ovine de l'Ouest, j'ai évalué approximativement le prix de revient du fumier, dans une exploitation basée sur l'entretien du mouton d'après les règles de la bonne économie rurale; et j'ai été amené à faire voir que, en obéissant à ces règles, la production de cet engrais peut être considérablement augmentée, tout en réduisant au-dessous de zéro ce même prix de revient.

Or, on se souviendra, j'espère, que c'est par l'extension des cultures fourragères destinées à la bonne alimentation du troupeau, qu'un pareil résultat peut être obtenu. Nourrir abondamment, en effet, tel est tout le secret d'une production animale lucrative; il est tout-à-fait essentiel de ne pas l'aller chercher ailleurs : le reste, quelque utile que cela puisse être, n'en est pas moins secondaire.

C'est donc aux améliorations agricoles capables de fournir des aliments, qu'il faut avant tout s'attacher. Car dans l'assolement généralement suivi, lequel repose, ainsi que je l'ai montré, uniquement sur les céréales, et rend indispensable une certaine étendue de prairies naturelles, en dehors de lui, il n'y a aucune place pour la culture des plantes nécessaires à la bonne alimentation des moutons destinés à la boucherie. Ceux-ci sont réduits à se contenter, pour toute nourriture, d'un maigre pâturage sur les terres en jachère.

Nous avons eu occasion de voir l'influence attribuée à juste titre par David Low à une « production plus considérable des turneps et autres plantes succulentes, » sur l'amélioration de l'ancien Southdown par les éleveurs du Sussex. Nous n'avons pas autre chose à faire; et l'on conviendra que la réalisation d'une semblable réforme dans la culture de l'Ouest ne devrait pas présenter de bien grandes difficultés à surmonter. Remplacer la jachère par une plante racine sarclée, navet ou betterave, par exemple, suivant la nature du sol, destinée à fournir la nourriture d'hiver à la bergerie, et par un pâturage semé ou même un fourrage devant être récolté : voilà tout ce qu'il y aurait à faire.

De ce fait, l'assolement du pays se trouverait avoir subi les modifications que j'ai détaillées à la page 53, et serait devenu évidemment propre à produire tout à la fois plus de céréales et plus de viande : les deux premiers éléments de l'alimentation publique. Je n'ai pas besoin de faire ressortir de combien le revenu du sol s'en trouverait augmenté, non plus que de faire remarquer que son amélioration foncière en deviendrait une conséquence forcée. C'est un axiome d'économie rurale, que la culture améliorante est celle qui repose sur une production animale bien entendue, parce que celle-ci est nécessairement en même temps une fabrique d'engrais puissants. Or, nous l'avons répété bien des fois après les maîtres, l'engrais est l'âme de la culture.

Plus de détails sur la réalisation pratique de cette facile réforme agricole ne seraient pas ici à leur place. Il doit suffire d'en indiquer l'ensemble et les conséquences, en renvoyant sur cet objet le lecteur aux traités spéciaux, où il trouvera les notions applicables aux cultures dont il s'agit, notions qui, du reste, sont déjà à la portée du plus grand nombre. Ce qui entre seulement dans notre sujet, c'est d'étudier les moyens d'en tirer le meilleur parti, en montrant comment doit être conduite l'alimentation rationnelle des moutons, comment la nourriture qu'elle fournira peut être distribuée, pour que sa transformation complète en produits utiles soit assurée. Nous y consacrerons un chapitre spécial, ainsi qu'à quelques autres éléments d'un bon entretien du mouton.

En résumé, et c'est surtout sur ce point que j'ai voulu appeler l'attention des agriculteurs, la production d'une nourriture plus abondante et meilleure doit être considérée comme la condition indispensable et le point de départ de toute amélioration d'une espèce animale quelconque, en vue de l'industrie de la viande, et notamment du mouton. Dans les différentes conditions de la culture auxquelles nous avons assigné à chacune son rôle et sa part de travail, dans cette industrie, ce principe fondamental ne souffre point d'exception. Toute tentative qui ne reposerait pas au préalable sur cette base serait nécessairement stérile et grosse des plus cuisantes déceptions, ainsi que des faits malheureusement trop nombreux l'ont déjà démontré et le démontrent tous les jours. Entreprendre une fabrication avant de s'être assuré les matières premières, est unanimement considéré, partout ailleurs que dans l'industrie animale, comme une folie. Gardons-nous-en donc, et sachons faire notre profit de l'utile exemple qui nous est donné par l'industrie manufacturière, puisque le but final que nous nous proposons est, après tout, le même.

Il y a pourtant cette différence, toute à notre avantage, que nous sommes, nous, en mesure de les produire telles que nous pouvons les désirer. Mais il faut être bien pénétré de cette vérité enfin admise en économie rurale, qu'une exploitation agricole doit être considérée et conduite absolument à l'égal d'une manufacture, qui se trouve dans une situation d'autant plus avantageuse, qu'en outre de l'activité humaine, elle a encore la nature pour collaborateur.

CHAPITRE IX.

Conduite des troupeaux.

La description de l'état actuel de l'industrie dont il s'agit, a fait voir tous les vices inhérents au mode d'entretien de l'espèce qui est généralement suivi. Il y a, à cet égard encore, de grandes réformes à introduire; car, puisque nous savons maintenant que son amélioration dépend de l'ensemble des circonstances hygiéniques qui l'entourent, au même titre que des opérations de croisement auxquelles on accorde à tort une importance prédominante, il nous faut indiquer ces réformes avec quelque précision. C'est en cela, aussi bien, que se résolvent les préceptes d'une exploitation économique, et par là que se traduisent ses résultats. Nous entrons donc de plus en plus dans l'application pratique des principes posés, en vue de les féconder.

Je n'ai pas, dans ce chapitre, à exposer les règles suivant lesquelles les troupeaux doivent être conduits, dans toutes les conditions possibles. Cela est le fait d'un traité dogmatique de zootechnie; et on les trouvera complètement développées dans celui de M. Magne, notamment, que l'on consultera toujours avec fruit. Pour ne pas sortir de mon cadre, je me bornerai à appliquer ces règles au but spécial de ce livre, c'est-à-dire à l'entretien des moutons de la région que nous avons particulièrement en vue, et au mode d'exploitation vers lequel ils doivent, suivant moi, être dirigés.

Elles se rapportent, par conséquent, à trois ordres d'objets que nous examinerons successivement : 1° la direction et la garde du troupeau ; 2° son logement ; 3° sa nourriture. Cette division de notre sujet nous amène donc à nous occuper d'abord de l'agent qui doit être chargé de l'exécution de tout ce qui se rapporte à la conduite des animaux, c'est-à-dire du berger, puis de la bergerie, enfin des meilleurs procédés de préparation et de consommation des aliments. Je vais le faire pour chacun dans un paragraphe spécial.

§ I. Du berger. — Jacques Bujault a dit avec raison : « Tant vaut l'homme, tant vaut la terre. » On peut dire avec la même justesse : Tant vaut le berger, tant vaut le troupeau.

En effet, les intentions d'améliorer les plus fermement arrêtées, échoueront toujours devant le mauvais vouloir ou l'incapacité des agents chargés de les mettre en pratique. Et c'est un fait dont il est indispensable de tenir grand compte, en industrie agricole surtout, où l'esprit de routine, la résistance systématique au progrès, la défiance exagérée de tout ce qui sort des habitudes prises, de la part des paysans, a si souvent lassé la patience des volontés dirigeantes les plus fermes.

La conduite d'un troupeau est chose si importante, relativement à ses résultats ; les détails qu'elle comporte sont si nombreux et si majeurs, autant au point de vue des différentes opérations intérieures qui en font partie, qu'à celui de la conservation des récoltes en général, qu'on a eu raison de dire que, de toutes les professions de l'agriculture, celle de berger demande le plus d'intelligence et de capacité. Le lecteur, je pense, n'aura aucune peine à le croire, s'il veut bien songer, par exemple, aux difficultés d'exécution rationnelle des accouplements à diriger dans le cas où il y a lieu de mettre en pratique la sélection ; et il s'en convaincra encore davantage lorsque nous aurons parlé de ce qui concerne la nourriture. En outre, il n'en est point non plus qui exige une probité plus à l'épreuve et une moralité plus complète ; car, dans l'accomplissement des fonctions du berger, une multitude de détails de la plus grande importance échappent à toute surveillance.

Cependant, parmi les agents de la culture, cette profession ne jouit en général d'aucune considération, et l'on peut ajouter que dans beaucoup de contrées elle est absolument inconnue, notamment dans l'Ouest, ainsi que nous l'avons vu. On en pourrait trouver la raison dans l'exiguïté de la plupart des troupeaux; mais elle est bien mieux dans ce fait, que le paysan, en général, n'apprécie que la force, et ne peut considérer cela autrement que comme un métier de fainéant. Il m'a été raconté dans le temps à cet égard, par un agriculteur distingué des Deux-Sèvres, M. Louis Mangou, une anecdote qui prouve qu'il en est ainsi.

M. Mangou avait fait venir d'un de nos départements où le mouton est entretenu sur une grande échelle, pour le mettre à la tête d'un troupeau important qu'il avait institué dans sa culture de Terre-Neuve, un berger de profession auquel il payait un salaire plus élevé que celui de ses autres agents, en raison de l'importance plus grande qu'avait à ses yeux cette fonction. Ceux-ci, comparant leurs rudes labeurs aux travaux d'un autre ordre auxquels avait à se livrer leur collègue, ne comprirent point la justice de cette rémunération plus élevée, et ne pouvant s'en prendre à leur maître, ils trouvèrent plus simple d'accabler le berger de leurs dédains et de leurs gouailleries, à tel point qu'ils lui rendirent la position intenable et le forcèrent à s'en aller. Aucune offre ne put le retenir davantage.

Aux yeux des paysans de l'Ouest, la garde d'un troupeau est tout au plus digne d'un enfant; et je suis sûr qu'en considération de la qualité de berger qu'il se donnait, ils seraient capables de prendre Daubenton pour un *propre à rien.*

Aussi sera-t-il longtemps encore bien difficile de les intéresser suffisamment à ce qu'il y a de vraiment important dans cette fonction, en le leur faisant comprendre par des faits, et de la leur faire accepter pour ce qu'elle est en réalité. Je ne pense point cependant que cela soit impossible, et je crois même qu'en y formant de jeunes garçons par la pratique même des améliorations dont il s'agit dans ce livre, les résultats produits à leur aide finiront par détruire le préjugé.

Quoi qu'il en soit, il est de toute nécessité, quand on ne veut pas ou ne peut pas diriger soi-même tous les détails que comporte l'entretien de ses bêtes à laine, de confier ce soin à un agent sur lequel on puisse compter entièrement. Je pense, comme je viens de le dire, que dans ce pays, où il n'est pas actuellement possible d'en trouver de tout formés, le meilleur parti à prendre est d'y façonner de jeunes garçons encore trop faibles pour commencer à se livrer aux travaux des champs. En leur donnant un bon salaire et en les initiant à toutes les opérations du troupeau, ils seraient amenés, sans doute, à considérer les bons résultats obtenus comme leur œuvre propre, et par conséquent à s'y intéresser. Il me paraît que c'est là le seul moyen de les porter à suivre décidément cette carrière, et d'habituer graduellement les autres à l'accepter, parce que, en les voyant grandir dans cette occupation, ils ne s'apercevront pas de la transition.

S'il est très désirable de voir disparaître les préjugés, il faut reconnaître que ce n'est point ordinairement en les attaquant tout-à-fait de front, qu'on parvient plus sûrement à en triompher. Il est bien certain que si les travailleurs agricoles savaient apprécier toutes les qualités et toutes les connaissances indispensables à un bon berger, ils ne feraient point difficulté de lui rendre justice; mais, telles qu'elles se pratiquent aujourd'hui, les professions agricoles demandent si peu d'apprentissage; l'intelligence y remplit un si mince rôle, et la force physique y prend une si large part, qu'il ne faut point trop s'étonner de ne les voir juger qu'à ce seul point de vue.

Mais, néanmoins, je ne saurais assez insister sur l'utilité de premier ordre qu'il y a, pour les propriétaires qui veulent entreprendre d'améliorer chez eux l'espèce ovine, à s'assurer avant tout la collaboration d'un bon berger, et par conséquent à le former par une direction suivie, par des encouragements et de bonnes leçons. Ils peuvent être sûrs qu'en agissant ainsi, ils seront amplement dédommagés de leurs peines par les bénéfices que leur procureront les résultats obtenus et les économies réalisées.

Cela est surtout indispensable pour les troupeaux destinés aux croisements. Bien qu'encore très utile pour ceux bornés à la production de l'espèce locale, puisqu'il y a encore lieu, dans ce cas, d'améliorer, on peut cependant ici s'en passer, à la condition d'y suppléer par une surveillance plus directe. En ce qui concerne l'entretien et l'engraissement exclusifs des métis, dans la petite culture, l'exiguïté de leur nombre possible, en général, défend malheureusement d'y songer. Les frais, dans ce cas, grèveraient trop fortement chaque individu, et les bénéfices ne pourraient, en aucun cas, être en rapport avec eux. Du reste, là tout est incomparablement plus simple et d'une surveillance bien plus facile.

Sans entrer dans tous les détails de la fonction du berger, pour lesquels je renverrai encore aux traités spéciaux, mon unique but étant d'en faire ici sentir l'utilité, j'appellerai pourtant l'attention sur quelques-uns. Ainsi, le principal de tous est qu'il connaisse parfaitement chacune de ses bêtes et tout ce qui la concerne; qu'il sache exactement attribuer son agneau à chaque mère, et soit assez au courant de leur manière d'être habituelle pour pouvoir saisir aussitôt les dérangements qui pourraient s'y produire, afin d'y porter remède ou de les signaler. Il doit aussi être à même de guérir, sans le secours du vétérinaire, les maladies peu graves qui peuvent les atteindre, et d'apporter dans leur régime les modifications en rapport avec leur état. Je crois, du reste, que sa qualité la plus essentielle est qu'il soit capable de ressentir une certaine affection pour ses animaux; car on peut être sûr alors qu'il ne leur épargnera pas les soins. Que de bêtes, dans un troupeau, maigrissent ou avortent, meurent même par la seule faute du berger ou de la bergère! Que de récoltes sont ravagées par le même motif!

Je n'ajouterai plus qu'un mot sur ce point, c'est que, avec

le chiffre possible des troupeaux, dans l'Ouest, si l'on avait de bons gardiens, attentifs et vigilants, les cinq sixièmes des chiens pourraient être utilement supprimés. C'est un progrès que j'appelle de tous mes vœux; car, outre la consommation tout-à-fait superflue qu'ils prélèvent sur les subsistances et qui, eu égard à leur grand nombre, comme nous l'avons vu, mérite d'être prise en sérieuse considération, ce serait un moyen certain de réduire considérablement les cas de rage si fréquents dans les campagnes. Cette réforme pourrait être d'autant plus facilement opérée que, dans la contrée, les moutons ne parquent que très peu ou point du tout.

§ II. Des bergeries. — On peut, sans crainte de se tromper, affirmer que nulle part ailleurs les moutons ne sont plus mal logés que dans nos départements de l'Ouest. A voir les réduits étouffants et sombres dans lesquels ils sont entassés, il semblerait que seuls ces animaux ne doivent avoir besoin ni d'air ni de lumière. En y joignant l'habitude générale de laisser séjourner le fumier sur le sol, cela fait qu'il est absolument impossible à l'homme de demeurer quelques instants dans une de ces bergeries, sans en être aussitôt incommodé, par les émanations ammoniacales qui en vicient l'air et le rendent irrespirable.

Sans qu'il soit besoin de nous étendre sur les nombreux inconvénients qui résultent, en fait, d'un pareil état de choses, on n'aura pas de peine à comprendre, sans doute, qu'il puisse manquer d'être funeste à la santé, et tout au moins influer considérablement sur le tempérament, sur la force d'assimilation qui procure une prompte et complète transformation des aliments, sur la fécondité des mères et leur faculté laitière, enfin sur l'abondance et la qualité de la laine, qu'il surcharge de suint et de déchet.

Les cultivateurs attachent à cela si peu d'importance, et ils sont à cet égard dans une si coupable indifférence, que s'il y a dans la ferme un bâtiment mal situé, mal exposé, bas et insalubre, c'est toujours celui-là qui est choisi pour y établir la bergerie. Ils semblent convaincus que ce sera toujours assez bon pour des moutons.

Or, il s'en faut de beaucoup qu'une bonne hygiène puisse sans préjudice être ainsi négligée; et si, mieux habitués à se rendre un compte exact de ce qu'ils font, ils pouvaient comparer poids pour poids, après leur complet développement, les moutons ainsi logés avec d'autres qui le seraient d'une manière plus convenable, ils ne tarderaient point à s'apercevoir que, pour arriver au même point, les derniers auraient consommé beaucoup moins. Et je laisse de côté les maladies, les pertes sur la laine, etc., etc., qui, dans le premier cas, viennent presque toujours diminuer les bénéfices. Ce sont là, du reste, des résultats qui ont été bien des fois constatés par l'expérience, et qui sont trop faciles à saisir pour que nous nous y arrêtions davantage.

Il y a donc encore à cet égard des réformes urgentes à réaliser, et sur lesquelles je dois appeler l'attention.

Certes, je ne songe point à préconiser la reconstruction immédiate de toutes les bergeries du pays. Je sais trop bien que ce serait s'écarter des limites du possible, au moins quant à présent. Mais, si une mesure aussi radicale ne peut pas être admise comme pratique, il n'en est pas moins vrai que, sans occasionner des frais bien considérables, la plupart pourraient être sensiblement améliorées.

En effet, il suffirait, dans beaucoup de cas, d'y percer des ouvertures, de surélever un peu la toiture même, sans toucher aux murs et en la faisant supporter par de courts piliers qui laisseraient entre elle et ceux-ci un libre passage à l'air et au jour, en en faisant des sortes de demi-hangards, pour transformer aussitôt les plus défectueuses en excellentes habitations, surtout si les sols humides et malsains étaient remplacés par un gravier ou une terre sèche en couche plus ou moins épaisse, que l'on pourrait ensuite enlever avec les fumiers. De cette façon, l'usage de laisser séjourner ces derniers, qui est aujourd'hui très nuisible, autant à sa qualité propre qu'à la santé des bêtes, cesserait d'avoir les mêmes inconvénients.

Mais il en est qui ne sont susceptibles d'aucune modification et qui doivent être abandonnées : ce sont celles, malheureusement en si grand nombre, qui seraient toujours trop étroites pour le troupeau, quelque augmentation que l'on pût apporter dans la quantité d'air respirable par leur surélévation. Il ne suffit pas, en effet, que chaque bête puisse disposer du volume d'air nécessaire à sa respiration complète, il lui faut encore en superficie un espace suffisant, et qui ne peut descendre en moyenne au-dessous d'un mètre carré sans qu'elle en souffre d'une manière sensible. Personne n'ignore que, comme tous les ruminants, le mouton a besoin de se coucher après son repas pour accomplir avec tranquillité sa seconde mastication. Or, la gêne qu'il éprouve pour s'y livrer ne peut manquer d'exercer une fâcheuse influence sur sa digestion, et par conséquent sur le parti qu'il tire des aliments consommés. Le mouton n'étant, au surplus, pour l'économiste, qu'une machine à transformer en produits utiles la nourriture qu'il consomme, on saisira sans peine, je pense, la portée de cette observation.

Ce serait donc bien mal comprendre ses intérêts de ne pas en tenir compte et de ne pas abandonner décidément, pour les remplacer par d'autres mieux entendues sous ce rapport, toutes les bergeries dans lesquelles l'espace manque.

Mais ceci ne se rapporte, bien entendu, qu'aux exploitations dans lesquelles nous avons vu que le seul entretien des moutons est possible, et ne pourrait assurément être suffisant pour celles qui doivent être consacrées à sa reproduction et à son amélioration. Ici, il est impossible de reculer devant une réforme radicale, ainsi que je l'ai, du reste, fait pressentir prédemment.

Nous allons donc à présent poser quelques bases pour la construction rationnelle d'une bergerie destinée à un troupeau d'amélioration, car je ne crois point qu'il soit pratique d'en donner le plan et le détail, comme on l'a fait quelquefois; ceux-ci devant nécessairement être plus ou moins modifiés, suivant la disposition des lieux. Ce qui, dans ce genre, est excellent et convient parfaitement dans des conditions données, devient dans d'autres tout-à-fait défectueux, ou même absolument inapplicable. Il y a cependant quelques principes qui peuvent être utilisés partout, même dans l'amélioration des anciennes bergeries dont il vient d'être parlé; et c'est pour cela que je me suis réservé de les signaler en cet endroit, afin d'éviter une répétition.

Comme dans toutes les constructions agricoles, d'ailleurs, le premier mérite d'une bergerie est d'être faite sans luxe et avec le moins de frais possible, tout en présentant des conditions suffisantes de solidité. Ce qui doit préoccuper, avant tout, à part le bien-être des animaux, bien entendu, c'est la commodité du service ; et du moment que ces deux buts sont remplis, le reste ne doit être considéré que comme une dépense improductive, par conséquent inutile et soustraite à une destination profitable au bien général, qui est plus intéressé qu'on ne le croit à l'exploitation économique du sol.

Parmi les différents modèles qui ont été recommandés, celui qui, à tous égards, me paraît devoir mériter la préférence, est ainsi exposé par M. Magne, auquel j'en emprunte la description : « M. Bella a fait construire à Grignon deux rangs de pilastres en maçonnerie brute qui, concurremment avec deux rangs de poteaux en bois, supportent la charpente. Les espaces de 2^m 80 de largeur restant entre les pilastres, sont remplis jusqu'à 1^m 30 de hauteur par de petits murs dans lesquels sont pratiquées des portes ; le reste de la hauteur jusqu'au sommet des pilastres est occupé par de simples châssis qu'on recouvre de paillassons, ceux du nord en hiver, ceux du midi en été. Les deux extrémités de la bergerie sont fermées par des murs pleins qui forment pignons, dans lesquels sont pratiquées deux portes charretières pour le passage des voitures qui rentrent les fourrages et qui enlèvent le fumier. Le plancher est élevé de 3^m 55 au-dessus du sol.

« La bergerie est divisée intérieurement par des râteliers doubles occupant les espaces compris entre les poteaux de chaque travée. »

Il est facile de voir, en effet, que dans ce cas les conditions posées plus haut se trouvent remplies. Mais nous avons quelque chose à y ajouter, pour compléter les points sur lesquels je désire appeler l'attention.

D'abord, ainsi placés entre chaque travée de poteaux, les râteliers doivent être mobiles de bas en haut et de haut en bas, de manière à pouvoir être, à volonté, élevés ou abaissés, suivant l'épaisseur de la couche de fumier, et à telle fin que, par rapport à la taille des moutons, ils conservent toujours à peu près la même hauteur. Pour ce motif, ils seront avantageusement construits en bois léger et aussi simplement que possible; et le mieux est de ménager sur chaque poteau une rainure dans laquelle leur extrémité puisse glisser. Il est bon aussi que leur moitié inférieure, celle qui forme pied, soit pleine dans toute son étendue, afin que les agneaux ou même les moutons ne puissent ni passer ni se coucher dessous, ce qui occasionne souvent des accidents.

Ce qui est important aussi, c'est d'établir dans la bergerie des compartiments destinés aux différentes catégories de bêtes qui y sont logées. Indépendamment de la nécessité absolue de tenir séparés, hors le temps de la lutte, les béliers et les brebis, par exemple, il est de la plus grande utilité, dans une exploitation rationnelle, de pouvoir tenir, pendant un temps déterminé, les agneaux éloignés de leurs mères, de pouvoir classer en outre celles-ci ou les moutons suivant les soins et la nourriture que leur état exige ou que le but qu'ils doivent atteindre indique : toutes choses qui, en l'absence de ces compartiments, sont absolument impossibles, et dont les avantages cependant sont faciles à saisir.

Des claies, ou des barrières à claire-voie construites en bois blanc, sont ce qu'il y a de mieux pour les établir, en raison de la mobilité dont elles sont susceptibles et des moindres frais qu'elles occasionnent. J'ai vu ce mode de cloisonnement pratiqué dans quelques bergeries bien tenues, notamment en Berry, et l'on s'en trouvait fort bien. Par leur facile déplacement, ces barrières permettent de proportionner à volonté l'étendue de chaque compartiment au nombre d'animaux qu'il doit contenir, d'en multiplier ou d'en diminuer la quantité suivant les nécessités des catégories à établir dans le troupeau.

Pour en faire mieux encore saisir les avantages, je supposerai un cas fort ordinaire, assurément, celui dans lequel un certain nombre de brebis réformées, par exemple, ou même de moutons, doivent être mis à l'engrais et recevoir en conséquence un supplément de nourriture. On comprend sans peine qu'il faudrait absolument alors les loger dans une bergerie particulière, si l'on n'avait la commodité d'établir un compartiment pour eux dans la bergerie commune; ce qui, on en conviendra, je pense, ne laisse pas que d'être en même temps plus économique et plus facile à exécuter.

Une dernière remarque, avant de terminer.

Il est bon, dans la construction d'une bergerie, de faire autant que possible ouvrir toutes les portes en dehors. Il y a pour cela deux raisons principales : d'abord à cause de l'accumulation du fumier qui, en exhaussant progressivement le sol, nécessiterait un travail fréquent de déblaiement, pour qu'elles puissent être ouvertes en dedans; ensuite parce que les moutons recherchant toujours les coins pour se coucher, il leur arrive le plus souvent de le faire dans les embrasures, où dans ce même cas ils gêneraient pour entrer et seraient dérangés.

Telles sont les considérations qui se rattachent aux améliorations à apporter dans le mode extrêmement vicieux de logement usité dans l'Ouest pour les troupeaux. J'ai dû me borner, en ce qui les concerne, à un aperçu général, plus en vue d'en faire sentir la nécessité, que d'indiquer en détail la partie technique qui s'y rattache, laquelle nous eût fait sortir de notre cadre et constitue, au surplus, un art particulier qui est développé dans des traités spéciaux auxquels je ne puis que renvoyer.

Ce dont il importe surtout de se pénétrer, c'est que, dans une conduite bien entendue de l'espèce ovine destinée principalement à la production de la viande et de l'engrais, le séjour à la bergerie doit se prolonger près de vingt heures sur vingt-quatre, et que par conséquent les conditions qu'elle y rencontre influent considérablement sur sa manière d'être. De l'air salubre en abondance; de la tranquillité et une bonne litière pour le repos; une distribution facile des aliments dans des râteliers et des auges disposés d'une manière commode pour leur consommation : voilà trois points qui se traduisent infailliblement en un accroissement de produit d'autant plus considérable, qu'ils sont mieux observés.

§ III. De la nourriture. — D'après tout ce que nous avons dit du rôle de l'alimentation dans l'amélioration des animaux domestiques, en général, et du mouton, en particulier, il n'est pas besoin d'insister sur l'importance de ce paragraphe, dans lequel nous avons à envisager le plus sommairement possible, toutefois, la nourriture sous le double point de vue de son administration la plus économique et de son emploi le plus profitable.

Disons d'abord que, dans les conditions économiques et agricoles où nous nous trouvons placés, la nourriture du mouton considéré en général doit être effectuée suivant un régime mixte, c'est-à-dire mi-partie au pâturage et mi-partie à la bergerie.

De toutes les plantes qui, dans l'Ouest, peuvent le mieux servir à l'établissement des pâturages, le *trèfle rampant* et la *minette* sont, sans contredit, les plus appropriées à toutes les circonstances. La dernière, grâce à l'influence de Jacques Bujault, y a déjà été introduite, du reste, et il n'y a qu'à en généraliser la culture.

Nous ne nous occupons, quant à présent, que de l'entretien des bêtes ovines, et il nous faut dès lors, avant d'aller plus loin, déterminer la part que le pâturage dont il s'agit doit y prendre, pour qu'il soit bien entendu, et en conséquence fixer approximativement l'étendue de celui-ci, par rapport à la somme d'aliments qu'il peut fournir à chaque bête.

Il résulte d'expériences très nombreuses, dont les chiffres sont consignés dans le si remarquable ouvrage de M. Magne, que les moutons de race poitevine consomment, en moyenne, pendant les quelques heures qu'ils passent dans un pâturage suffisamment riche, environ 6 kil. d'herbe, et ceux de race limousine ou marchoise, 4 kil. par jour et par tête, c'est-à-dire environ l'équivalent de 600 kil. de fourrage sec par an, pour les premiers, et de 400 kil. pour les autres. Or, en admettant un produit moyen de 3,000 kil. fourrage sec à l'hectare, ce qui est dans la contrée le plus ordinaire, il en faut conclure que chaque mouton devrait pouvoir disposer, dans le premier cas, d'une étendue de pâturage de 20 ares, et de 13 seulement dans le second.

Mais nous avons vu plus haut qu'il s'agit d'un régime mixte, et que, par conséquent, nous pouvons retrancher environ la moitié des chiffres qui viennent d'être posés, la ration distribuée à la bergerie devant y suppléer. Je ferai observer, toutefois, que le pâturage doit demeurer la base de la nourriture du mouton de l'Ouest, du moins quant à présent. Il y a pour cela double raison : l'habitude des races locales d'abord, puis la nécessité de donner plus d'extension aux cultures améliorantes.

Tout cela se rapporte, en quelque sorte, à toutes les catégories de bêtes ovines élevées dans la région, et auxquelles ce pâturage est également indispensable. Nous avons maintenant à nous occuper de la nourriture à la bergerie, en la considérant d'une manière spéciale, relativement à chacune d'elles ; c'est-à-dire, en autres termes, que nous avons à fixer les rations d'entretien, d'amélioration et d'engraissement. Ce sont là, en effet, nos catégories.

Or, pour ce qui est de la ration d'entretien, nous n'avons pas grand'chose à dire. Nous avons déjà fixé le chiffre total ; il ne reste plus qu'à distribuer au râtelier la quantité d'aliments équivalente en fourrage sec à celle qui serait prise au pâturage. Le foin, on le sait, est pris pour type ; le regain, les vesces, gesses, ou mélanges de ces légumineuses connus dans le pays sous le nom de *coupage*, peuvent être substitués ; les fourrages-racines, carottes, turneps, betteraves ou topinambours, le sont aussi avantageusement, d'après leur équivalent, surtout lorsqu'ils sont préparés et mêlés avec des grains réduits en farine ou seulement concassés, et même avec du son.

On a cherché à fixer, en moyenne, la proportion de

nourriture nécessaire, par rapport au poids du corps, pour entretenir le mouton en santé et en état. On saisit facilement l'avantage qu'il peut y avoir à être exactement renseigné à cet égard, car il est certaines circonstances dans lesquelles la nourriture consommée ne pouvant pas avoir d'autre but utile, économiser celle qui dépasse ce même but est tout bénéfice. Mais je ne pense pas, pour ma part, que, dans une semblable question, les moyennes puissent avoir quelque valeur, précisément en raison de ce qu'étant des moyennes, elles ne peuvent nécessairement s'appliquer exactement à aucun des cas particuliers qui ont servi à les établir.

La ration d'entretien varie donc avec les individus, et je crois que le seul conseil à donner à cette occasion est de la déterminer pour chaque troupeau, par le tâtonnement et l'expérience. Un bon berger, qui connaît bien toutes ses bêtes, s'aperçoit promptement si quelques-unes maigrissent ou engraissent outre mesure. Dans le premier cas, il y a lieu d'augmenter la ration; dans le second, de la diminuer.

Voyons à présent ce qui concerne la ration que nous avons appelée *ration d'amélioration*, et à laquelle je donne ce nom parce que, telle que je la comprends, elle a pour but de servir de base au système d'amélioration qui fait l'objet de ce livre.

En effet, étant admis à l'état de principe zootechnique fondamental, que l'alimentation tient sous sa dépendance les modifications à apporter dans les formes et le volume des individus, c'en est un corollaire obligé de reconnaître que, à notre point de vue présent, ces formes et ce volume seront d'autant plus remarquables que, dans la période de leur développement, ils auront été effectués sous l'influence d'une absorption de nourriture plus considérable. De là la nécessité rationnelle de soigner en ce sens les nourrices, ainsi que les agneaux, avant et après le sevrage.

La ration qui est de cette façon donnée aux élèves, par le lait de la mère d'abord, puis en nature jusqu'à l'âge adulte, est donc bien exactement une ration d'amélioration, et l'on saisira facilement qu'il n'y ait à cet égard aucun calcul à faire, ni aucun chiffre à fixer. Il suffit de dire que l'effet produit sera en rapport exact avec la somme d'aliments consommés et absorbés ; en définitive, qu'il est d'autant plus avantageux que cette somme est plus grande ; dans les limites, bien entendu, de leur exacte appropriation aux lois d'une bonne hygiène.

En ce qui se rapporte aux brebis nourrices, une nourriture copieuse, à base de racines, et comportant en même temps une addition de fourrages nutritifs et de graines légumineuses, telles que des féverolles, par exemple ; une nourriture, en un mot, capable de les rendre bonnes laitières, doit leur être distribuée à discrétion. Quant aux agneaux, il est extrêmement avantageux de les habituer de très bonne heure, en les séparant de leurs mères, à prendre un supplément de nourriture, d'abord composé d'aliments de facile digestion, et progressivement augmenté à mesure que la sécrétion mammaire devient moins active et qu'ils y trouvent dès lors moins de lait. Cette excellente pratique a, entre autres avantages non moins dignes d'attention, celui de rendre à peu près nulle la transition du sevrage, et d'annihiler par là le temps d'arrêt que, dans la pratique ordinaire, cette époque imprime au développement des agneaux.

Les auteurs vétérinaires ont à peu près tous insisté sur la fâcheuse influence qu'exerce la nourriture généralement insuffisante qui suit le sevrage, sur l'état actuel de nos races d'animaux domestiques; mais aucun ne l'a fait d'une manière aussi nette et catégorique que M. Magne, lequel pense avec raison qu'il suffirait de la rendre plus abondante et meilleure, pour réaliser, dans la plupart, des améliorations considérables.

Nous arrivons enfin à la ration d'engraissement qui, elle aussi, ne peut avoir non plus de limite que celle opposée par l'appétit, car il est clair que, les animaux étant bien choisis sous le rapport de la conformation, de la santé et de l'état d'entretien, le résultat sera d'autant plus vite atteint qu'elle sera plus considérable. Or, j'ai fait voir déjà tous les avantages de l'engraissement rapide, en me basant surtout sur le prompt renouvellement du capital engagé, et sur l'économie des rations d'entretien. Je n'ai donc qu'à indiquer ici quelques considérations relatives à sa composition ; et je puis les prendre dans les faits. Ainsi, on a publié en 1855 (*Journal d'Agriculture pratique*, 4e série, t. IV, p. 190), le compte d'une opération de ce genre pratiquée sur cent moutons par M. Amillard fils, cultivateur à Chauppes (Vienne), et qui a produit un bénéfice net de 628 fr. 10 c., plus 15 mètres cubes de fumier. Or, ces cent moutons ont consommé, au total, par jour, 8 doubles décalitres de navets, 2 doubles décalitres de gros son, 20 kilogrammes de foin pendant la nuit, 15 kilogrammes tourteaux de noix, 1 kilog. 500 gr. de sel, 3 doubles décalitres de betteraves cuites à la vapeur et 3 doubles décalitres de glands. Le tourteau, les betteraves et le sel étaient donnés à midi, et les glands en deux rations dans la journée. Quinze jours avant la vente, les moutons ont reçu en plus 1 double décalitre de déchets de froment, baillarge, seigle et avoine, cuits à l'eau bouillante, avec un décalitre de gros son.

C'était là une ration d'engraissement fort bien entendue, et dont le résultat justifie d'ailleurs la bonne composition, dont je ne puis que recommander l'usage. On peut remplacer, cependant, suivant les conditions dans lesquelles on se trouve, le tourteau de noix par celui de colza ou de lin; mais il faut considérer que les résidus de cette sorte, qui retiennent toujours une certaine quantité de principes huileux, sont excellents pour l'engraissement rapide des moutons.

Il ne nous reste plus, pour avoir terminé ce qui concerne la nourriture, qu'à dire quelques mots de sa distribution et des précautions à prendre dans l'alimentation des troupeaux.

Il est indispensable qu'avant d'être conduits au pâturage, ils aient reçu le matin, à la bergerie, une petite ration de fourrage sec. C'est le meilleur moyen d'éviter les accidents de météorisation, par exemple, et de combattre aussi les influences qui aboutissent, dans certains cas, à la pourriture. C'est aussi pendant qu'ils sont dehors que l'on doit distribuer, dans les râteliers ou dans les auges, les fourrages ou les racines, son, tourteau, etc., de manière à ce qu'en rentrant ils trouvent leur nourriture toute prête et n'aient pas à l'attendre; ce qui nuit surtout aux moutons à l'engrais. De cette façon, le service est en outre beaucoup plus facile.

La préparation des aliments qui, eu égard à leur effet utile, est aussi d'une si grande importance, nécessite, dans les fermes un peu importantes, l'emploi d'un certain nombre d'instruments ou machines dont les avantages économiques n'ont plus besoin d'être démontrés, à cause de la réduction des frais de main-d'œuvre, combustible, etc., qu'ils procurent. Ainsi, pour la division des navets, betteraves, topinambours, etc., un bon coupe-racine est extrêmement précieux, et celui que je signalerai en première ligne est le coupe-racines de Gardner, en raison de ce qu'il peut servir en même temps pour les moutons et pour les bœufs, suivant le sens dans lequel on tourne la manivelle; ce qui tient à une disposition particulière de ses lames qui, portant une série d'échancrures carrées d'un côté, coupent les racines qu'elles rencontrent en petits cubes ou cossettes, très propres à la consommation des moutons. Un hache-paille, dont les bons modèles sont si nombreux; un concasseur de tourteaux, celui de Nicholson, par exemple; un appareil à faire cuire les légumes à la vapeur, lequel sert en même temps pour lessiver économiquement le linge : voilà autant d'instruments qui ont leur place marquée dans une exploitation qui veut tirer des moutons le meilleur parti possible.

Je ne dirai rien de particulier relativement à ce qui concerne la manipulation des toisons. Bien qu'encore important, ceci n'est qu'accessoire, au point de vue auquel nous sommes placés; et, au reste, les habitudes du pays à cet égard ne sont pas précisément irrationnelles.

CHAPITRE X.

Considérations économiques.

J'ai maintenant passé en revue tout ce qui se rapporte à l'espèce ovine de l'Ouest, dans son état actuel, et indiqué les moyens que je crois capables d'amener son amélioration. Cependant je ne considérerais pas ma tâche comme achevée, si je ne consacrais un court chapitre à appeler l'attention des agriculteurs qui auront bien voulu lire ce petit ouvrage, sur le point qui, suivant moi, domine toutes les tentatives de progrès auxquelles j'ai eu pour principal but de les convier.

Ce point dont je parle est celui qui, pour tout homme sérieux, domine également chacune des opérations particulières dont l'ensemble constitue l'industrie agricole, et dont malheureusement beaucoup trop de prétendus amis dévoués de l'agriculture progressive ne font pas assez de cas, et agissent le plus ordinairement dans le domaine de la fantaisie; ce point est le côté économique de toute question de cette nature, lequel commande de n'entreprendre jamais rien en ce genre, avant d'en avoir au préalable bien pesé les conséquences et les résultats. Il n'y a, en effet, aucune entreprise agricole qui ne soit en même temps progressive et lucrative; et je doute, pour ma part, qu'elle puisse être l'un sans l'autre. Le temps du produit brut doit être passé pour nous; depuis que la science économique nous a éclairés, il ne doit plus s'agir que de produit net.

J'aurais donc bien manqué mon but, si je n'avais réussi à convaincre mes lecteurs qu'il ne suffit pas de se lancer tête baissée dans la voie des améliorations les plus complètes que j'ai indiquées, pour y trouver des bénéfices certains.

L'industrie agricole, en général, et celle qui a pour objet l'exploitation des moutons, en particulier, obéit nécessairement aux lois de toute industrie, et doit par conséquent tenir avant tout compte des divers éléments dont elle se compose. Ces éléments, je me suis efforcé de les déterminer, chacun en son lieu, et je crois pouvoir me rendre cette justice, que j'ai tout fait pour éviter les mécomptes. Mais je rappellerai néanmoins ici qu'avant de se décider pour l'une ou l'autre des trois branches en lesquelles, à cause de l'état de la culture, l'industrie ovine se divise nécessairement, il est indispensable d'abord de se bien rendre compte de sa situation propre et de l'étendue de ses ressources. Tel qui courrait à des pertes certaines et à de cuisantes déceptions, en entreprenant, par exemple, de se livrer lui-même à l'amélioration des races du pays, pourrait au contraire compter sur de beaux bénéfices, en consacrant ses ressources à la production pure et simple de ces mêmes races, ou à l'engraissement des métis produits par d'autres, placés dans des conditions plus appropriées.

Il ne me suffit point, quant à moi, je le déclare, de voir dans un concours quelques beaux animaux, pour en conclure que l'exposant est un éleveur habile. Je désire, avant de me faire sur ce sujet une opinion, voir leur compte, afin de m'assurer s'ils n'ont pas plus coûté à produire qu'ils ne peuvent être vendus, c'est-à-dire plus qu'ils ne valent. En un mot, je crois qu'il n'y a de sérieux, en agriculture, que les résultats usuels et qui peuvent être imités par d'autres que les amateurs, qui consacrent une partie de leur fortune à l'acquisition des lauriers agricoles. Trop longtemps le gouvernement s'est borné à les encourager; mais aujourd'hui leur temps est passé, et les tendances véritablement économiques ont fort heureusement pris le dessus.

L'industrie ovine, comme toutes les autres, du reste, doit donc, pour être lucrative, reposer sur une comptabilité rigoureuse, et nul ne s'y livrera dans des conditions parfaites si, avant de mettre ses produits en vente, il n'est pas en mesure d'en savoir exactement le prix de revient, s'il ne peut pas dire au plus juste combien lui coûte le kilogramme de poids vif. Tous les fabricants se rendent compte, à un centime près, des frais de production de leurs marchandises; il n'y a qu'en agriculture que l'on ignore absolument ce que l'on fait.

Il semblerait, à voir cela, qu'il est absolument impossible qu'il en soit autrement. Nous n'avons pas à nous occuper ici de la comptabilité agricole en général; mais, en ce qui concerne les moutons, je puis dire hardiment que rien n'est plus facile à tenir que la comptabilité d'un troupeau. Une bascule pour peser exactement les animaux et la nourriture qu'ils consomment; un registre pour inscrire tous les frais qu'ils occasionnent, en intérêts du capital engagé, entretien des bâtiments et ustensiles, soins, garde, nourriture, etc., voilà les éléments de cette comptabilité, dont les bases d'évaluation, cependant, il faut le dire, ne peuvent pas, dans l'état actuel de la comptabilité en général, être toutes bien exactes. Ainsi, s'il s'agit d'évaluer la nourriture, il est certain que l'on pourrait difficilement, quant à présent, se rendre un compte exact de son prix de revient; mais on tourne la difficulte en prenant pour base le prix du marché ou prix de vente, sauf à grever le troupeau d'un double bénéfice, ce qui, après tout, n'a aucun inconvénient final; ou n'en a qu'un bien moindre, dans tous les cas, que si cette même nourriture ne lui était comptée qu'à un prix inférieur à celui de revient réel.

Il est clair, en effet, que si, dans l'établissement d'un compte de bétail quelconque, l'on cote la nourriture produite sur la ferme au prix auquel elle serait vendue, d'après le cours du marché, dans le cas où elle y serait portée, au lieu d'être livrée aux animaux; il est clair, dis-je, qu'alors l'évaluation de cette nourriture se compose de deux éléments : le prix de revient, puis le bénéfice résultant de la différence de celui-ci au prix de vente. Le débit des animaux se trouve donc par là surchargé, puisque, pour être absolument exact en ce point, il devrait, en comptabilité rationnelle, ne supporter que le premier de ces deux éléments : autrement, la balance n'est pas tout-à-fait juste, attendu qu'elle se complique et du bénéfice propre des animaux, et de celui des fourrages.

Cependant, c'est ainsi que l'on procède ordinairement; et comme, avec les procédés généralement peu avancés d'exploitation du bétail, on n'arrive le plus ordinairement, dans le compte final, qu'à un bénéfice presque insignifiant, on en a conclu souvent que ledit bétail est « un mal nécessaire, » et l'on a fait de nombreux calculs pour établir quelles sont, parmi les diverses espèces d'animaux domestiques, celles qui peuvent le mieux payer la nourriture qu'elles consomment, c'est-à-dire la faire ressortir à un prix plus voisin de celui du marché.

Je ne crois point nécessaire de revenir ici, encore une

fois, sur ce qui concerne, à cet égard, les moutons exploités comme je l'ai dit. Je suis même persuadé que si l'on soumettait à une révision sérieuse les calculs dont je parlais tout à l'heure, en évaluant exactement chacun des coefficients qui interviennent dans la production animale, les résultats auxquels on est arrivé s'en trouveraient singulièrement modifiés, et l'on s'apercevrait que, bien conduite même sur les données de la pratique ordinaire, le bétail a été sans doute quelque peu calomnié.

Toutefois, bien qu'il y paraisse à l'insuffisance notoire de tout ce qui a été écrit jusqu'à présent sur la comptabilité agricole, ou du moins sur la soi-disant comptabilité, — car sous ce nom personne n'a encore fait autre chose que de la tenue des livres en partie simple ou en partie double, — il ne serait point juste d'en conclure, à mon sens, que cette matière présente nécessairement des difficultés insurmontables. Il suffirait, pour les aplanir, d'assimiler en tout point l'atelier agricole à une fabrique ordinaire, dans laquelle tout se résout en recettes et dépenses. Les opérations deviennent dès lors une pure affaire d'analyse ou de décomposition; et il suffit d'ouvrir un compte particulier à chaque culture. Le prix de revient exact de ses produits résulte dès lors très simplement de la somme des dépenses qu'elle a occasionnées; et si, au lieu d'être immédiatement échangés contre du numéraire, ils doivent intervenir dans une nouvelle opération, rien de plus facile que de les y faire figurer pour leur valeur réelle.

De cette façon, on comprend sans peine que l'agriculteur s'élèverait aussitôt à la hauteur d'un véritable industriel, c'est-à-dire ne se livrant jamais qu'à des opérations parfaitement raisonnées, et susceptibles d'être basées sur les circonstances économiques que les accidents du commerce, de de la consommation, et autres influences, peuvent faire varier à chaque instant.

Et cela s'applique particulièrement à la production des bêtes ovines qui, plus que les autres animaux domestiques, en raison de leur double aptitude à donner à la fois de la laine et de la viande, peuvent subir la domination du marché, le goût ou le caprice des consommateurs, en un mot, l'influence du débouché.

C'est donc le point dominant d'une entreprise dont elles sont l'objet, celui qui se rapporte aux différentes circonstances économiques qui se résument dans cette expression. Il n'y a de production avantageuse, en effet, que celle qui a pour objet une marchandise facilement échangeable et à de bonnes conditions; et cela est encore plus vrai lorsque cette marchandise ne peut s'accumuler sans occasionner un surcroît de dépenses, qui en augmentent considérablement le prix de revient, comme c'est le cas pour les animaux dont l'engraissement ne peut sans dommage dépasser certaines limites, non plus qu'être maintenu sans le secours de rations d'entretien complètement perdues pour le producteur.

Pour se livrer avec fruit, sur quelque échelle que ce soit, à cette industrie, ce n'est pas assez par conséquent d'être en mesure de fabriquer des moutons améliorés d'une manière absolue; il est nécessaire d'y joindre l'habileté commerciale capable d'en faire tirer sur le marché le meilleur parti, et la faculté d'apprécier aussi exactement que possible à l'avance les nécessités de la demande à laquelle il s'agit de satisfaire. Et c'est surtout en ce qui concerne particulièrement la branche de l'engraissement, qui constitue, telle que je l'ai présentée, une opération à court terme, qu'il importe d'y faire intervenir cette entente commerciale; car, en outre de la vente des produits engraissés, il s'agit avant tout, dans ce cas, de l'achat préalable de ces mêmes produits, de la juste appréciation de leur valeur réelle, et de leur aptitude à tirer rapidement un utile parti de la nourriture qu'ils devront consommer.

Pour cela, il faut mettre au premier rang la comptabilité, parce que c'est la base fondamentale de toute prospérité agricole. Elle présente, j'en conviens, dans l'état actuel des choses, des difficultés apparentes, mais non réelles, suivant moi, et qui peuvent être facilement surmontées.

Quoi qu'il en soit, il faut la considérer comme indispensable; car elle est la seule pierre de touche des opérations auxquelles on se livre, et peut seule, par conséquent, apprendre d'une manière certaine si l'on suit la bonne voie. Il y a ceci d'admirable, en agriculture, que ce n'est jamais aux dépens du bien public que l'on s'enrichit en améliorant la terre que l'on cultive, mais bien au contraire à son plus grand avantage.

Et c'est en ce sens que l'on a pu dire avec justesse : « Il n'y a de bonne agriculture que celle qui enrichit le cultivateur. »

FIN.

TABLE DES MATIÈRES.

FIN DE LA TABLE DES MATIÈRES.

TOULOUSE, IMPRIMERIE BAYRET, PRADEL ET Cᵉ, PLACE DE LA TRINITÉ, 12.

www.ingramcontent.com/pod-product-compliance
Ingram Content Group UK Ltd.
Pitfield, Milton Keynes, MK11 3LW, UK
UKHW021148260726
13994UKWH00001B/353

9 782329 346922